U0508781

让 我 们 一 起 追 寻

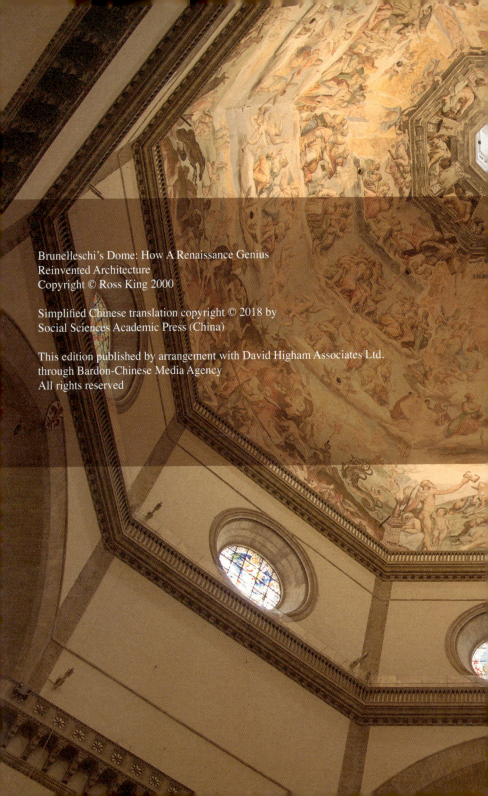

Brunelleschi's Dome: How A Renaissance Genius
Reinvented Architecture
Copyright © Ross King 2000

Simplified Chinese translation copyright © 2018 by
Social Sciences Academic Press (China)

This edition published by arrangement with David Higham Associates Ltd.
through Bardon-Chinese Media Agency
All rights reserved

的

布鲁内莱斯基

穹顶

的

传奇

BRUNELLESCHI'S

DOME

圣母百花大教堂

[加] 罗斯·金 著 冯璇 译

[Ross King]

How A Renaissance Genius
Reinvented Architecture

社会科学文献出版社
SOCIAL SCIENCES ACADEMIC PRESS (CHINA)

献给马克·阿斯奎斯和安－玛丽·里加德

目　录

插图列表

致　谢

　　在此我要感谢所有在研究和创作此书过程中向我提供过帮助的人。感谢阿尔塔·麦克亚当（Alta Macadam）阅读了我的书稿并与我分享了她对于佛罗伦萨无比丰富的知识。感谢杰克·赞爵士（Sir Jack Zunz）在结构工程方面的专业意见，以及他对于布鲁内莱斯基的技术成就的真知灼见。其他一些阅读了我的书稿并给我提出宝贵意见的人还包括马克·阿斯奎斯（Mark Asquith）、罗纳德·琼克斯（Ronald Jonkers）、索菲·奥克斯纳姆（Sophie Oxenham）、安-玛丽·里加德（Anne-Marie Rigard）和阿米尔·拉梅扎尼（Amir Ramezani）。在翻译方面我要感谢克里斯蒂安娜·帕皮（Cristiana Papi）和我的姐妹莫琳·金（Maureen King）的帮助。感谢莫琳帮我找到一些非常重要的、我本来无法获得的期刊文章。萨拉·查利斯（Sarah Challis）为本书绘制了图表，玛格丽特·达菲（Margaret Duffy）和理查德·梅比（Richard Mabey）解答了我的很多问题，为我提供了很多信息。在我的整个研究过程中，大英图书馆、博德利图书馆、伦敦图书馆和牛津大学工学图书馆的工作人员也无数次给我提供了帮助。

　　我还想感谢我的编辑丽贝卡·卡特（Rebecca Carter）和罗杰·卡扎勒特（Roger Cazalet），他们帮我避免了许多表述上的错误或体例上的不当。我的代理人克里斯托弗·辛克莱尔－史蒂文森（Christopher Sinclair-Stevenson）在这本书创作过程中的坚定支持对我来说意义重大；我的德国编辑卡尔－海因茨·比特尔（Karl-Heinz Bittel）对我的支持也是促使本书成功出版的重要原因。最后，我把此书献给马克·阿斯奎斯和安－玛丽·里加德表示感谢，我会永远感谢他们在伦敦和佛罗伦萨的热情招待，但是更让我感恩的是我们之间永恒的友谊。

第一章 一座更美观、
更荣耀的神殿

1418 年 8 月 19 日，佛罗伦萨宣布进行一项竞赛。在这里
建造的宏伟华丽的圣母百花大教堂已经动工了一个多世纪还没
建成，竞赛的内容就是关于它的：

> 想要为由大教堂工程委员会（Opera del Duomo）负
> 责修建的大教堂主穹顶，包括与此穹顶的建造和完善相关
> 的拱架、鹰架及其他构造或起重设施提出设计方案或制作
> 模型的人，可于 9 月底前提交自己的作品。一旦方案被采
> 纳，设计者将获得 200 弗洛林币（Florin）的奖金。

200 弗洛林币算得上一大笔钱了，一位技艺精湛的工匠工
作两年也挣不到这么多钱，难怪这场竞赛会吸引整个托斯卡纳
地区的木匠、泥瓦匠和家具工匠的注意。参赛者有六周的时间
来制作模型、绘制设计图，哪怕只是提出如何建造穹顶的建议
也行。这些方案应当解决的问题很多，包括如何建造一个临时
的木制支撑体系来确保穹顶的砌体保持原位，以及如何将每一
块都重达数吨的砂岩和大理石石块运送到建筑顶部。负责主持
大教堂建造工程的大教堂工程委员会向所有参赛者保证，他们
的作品会被提交给"友善且值得信赖的评判者"进行评审。

大教堂的施工现场就铺展在佛罗伦萨的中心位置。此时，那里已经有大批进行其他工作的工匠忙着施工了，他们有的赶车，有的砌砖，有的制铅，甚至还有厨子和在午休时间向工人出售葡萄酒的商贩。教堂四周的广场上有人在用马车装运成袋的沙子和石灰，或者是沿着木制脚手架和藤条编织的平台爬上爬下，这些比相邻建筑的屋顶还高的构造复杂而凌乱，好像一个巨大的鸟巢一样。不远处还有一个不断向空中喷出黑色浓烟的铁匠铺，那里是专为工匠们维修破损工具的。从早到晚，人们都能听到铁匠用锤子敲敲打打的叮当声、牛车经过时的隆隆声和工头喊出指令时的吆喝声。

15 世纪初期的佛罗伦萨还保留着其乡村的一面。城墙之内就能看到麦田、果树林和葡萄园，还有成群的羊咩咩叫着穿过大街小巷，被赶到圣乔瓦尼洗礼堂（Baptistery of San Giovanni）附近的市场去。不过，此时这个城市的人口已经达到 50000 人，几乎和伦敦的人口同样多，新建的大教堂就是为了彰显这里如今作为一个规模巨大、实力雄厚的商业城市的重要性。佛罗伦萨已经成为欧洲最繁荣的城市之一。这个城市的财富主要来自毛纺织业，这个行业是在 1239 年由刚来到这里不久的谦卑者派（Umiliati）修道士们创立的。一捆捆世界上最高级的英国羊毛被从科茨沃尔德（Cotswolds）的修道院运到这里，在阿诺河中洗净，经过梳理之后纺成线，再用木制织布机织成布，最后染上各种美丽的颜色，这些颜色包括从红海岸边的辰砂中提取的朱红色，或是从山顶上的圣吉米尼亚诺镇（San Gimignano）附近草场上的番红花中提取的明黄色。如此生产出的成品就是全欧洲最昂贵，也是最受追捧的布料。

　　这样的繁荣使佛罗伦萨在 14 世纪时掀起了一股建筑热潮，这是古罗马时期以来意大利未曾出现过的盛况。人们在城中开办了能够提供金棕色砂岩的采石场；每当洪水过后，在疏浚阿诺河河道时清理出的泥沙都被制成了砂浆；从河边收集的沙砾也可以作为填充物，被砌到城中各处一座接一座拔地而起的建筑的墙壁中。这些新建筑中既有教堂、修道院、私人豪宅，也有一些不朽的大型工程，比如用来保卫城市、抵挡外敌入侵的防御性城墙。这座高 20 英尺、全长达 5 英里的环形城墙是直到 1340 年才建成的，总工期超过了 50 年。一座新的市政厅也是在这时建成的，包含楼顶钟楼的总高度超过了 300 英尺，后来人们习惯称这栋建筑为"旧宫"（Palazzo Vecchio）。另一座令人惊叹的高塔是大教堂的钟楼，它本身就有 280 英尺高，建筑表面有浅浮雕和多彩的大理石贴面。这座钟楼是由画家乔托（Giotto）设计的，历经 20 多年的建造，最终于 1359 年建成。

　　然而直到 1418 年，那个可以被算作当时佛罗伦萨最伟大建筑的项目却一直没有完工。为了取代年代久远、破旧不堪的圣雷帕拉塔教堂（Santa Reparata），人们计划建造一座能够跻身基督教世界教堂规模前列的新教堂——圣母百花大教堂。一整片树林被征用来为建造教堂的工程提供木材，还有大批船队往来于阿诺河上，负责运输又大又厚的大理石石块。从建造之初，这项工程就拥有双重意义，它既代表着城市的宗教信仰，又体现了城中居民的自豪感：佛罗伦萨市政府（Commune of Florence）规定这座新建的大教堂必须是最奢华、最宏伟的；建成之后的教堂将成为"一座比托斯卡纳地区其他地方的教堂更美观、更荣耀的神殿"。不过，建造者面临的阻碍是不容小觑的，而且越接近工程末尾，他们遇到的困难就越大。

乔瓦尼·巴蒂斯塔·内利（Giovanni Battista Nelli）绘制的
圣母百花大教堂剖面图

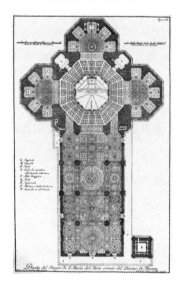

大教堂的底层平面图，图中显示了三个祭坛和
它们各自所属的礼拜堂

即便如此，工程前进的方向还是足够明确的。在过去的50年中，一直没有建完的大教堂的南侧通道里始终摆放着一座长30英尺的成比例模型，它展示的正是艺术家设想的大教堂建成后的样子。问题在于，这个模型包括一个巨大的穹顶，如果建成，它将成为当时高度最高、跨度最大的穹顶。50年过去了，显然还没有任何佛罗伦萨人，甚至是意大利人，想出一个明确的建造计划。因此，尚未建成的圣母百花大教堂穹顶就成了那个时代里最伟大的建筑谜题。不少专家认为这个穹顶根本不可能建起来。即便是穹顶最初的设计者也无法给出如何将自己的计划转变为现实的建议：他们不过是表达了一种令人感动的信仰，相信在未来的某个时间里，上帝会为人们提供一个解决方案，掌握更高级知识的建筑师也必将出现。

这座新的大教堂从1296年就开始建造了，它的设计者兼最初的建筑师是泥瓦匠师傅①阿诺尔福·迪·坎比奥（Arnolfo di Cambio），旧宫和城市周围规模巨大的新防御工事也是由他负责兴建的。虽然大教堂建造工程开始不久阿诺尔福就去世了，但是泥瓦匠们将建造工程继续了下去。在接下来的几十年里，佛罗伦萨铲平了一整片地区作为大教堂的建筑用地。圣雷帕拉塔教堂和另一座年代久远的圣米凯莱维西多明尼教堂（San Michele Visdomini）都被拆除了，居住在附近的居民也被迫迁离了自己的家。为了在教堂前面开辟一个广场，不仅活人要被驱赶，就连建筑用地以西几英尺之外的圣乔瓦尼洗礼堂四

---

① 本书中的"师傅"（master）应区别于中文中的"师傅"的含义。欧洲行会体系中的"师傅"是对应"学徒"而言的。只有完成了学徒时期的训练，成为熟练工的人才能被选为"师傅"，从而有资格加入行会。——译者注

周埋葬的去世多年的佛罗伦萨人的尸骨，也要被从他们的墓地里挖出来移到别处。1339 年，大教堂南边的街道之一，阿达马里科尔索街［Corso degli Adamari，即今天的卡尔查依欧利路（Via dei Calzaiuoli）］的路面都被整体挖低了一些，为的是让从这个方向来的人在看到大教堂时更觉得它的高度惊人。

然而，随着圣母百花大教堂工程的稳步推进，佛罗伦萨城的人口却在一天天缩减。1347 年秋，热那亚人的船队抵达意大利，船舱里不仅满载印度的香料，还带回了亚洲黑鼠，这种动物正是黑死病的病菌携带源。在接下来的 12 个月里，佛罗伦萨城中有 4/5 的人口死于这种疾病。因为人口骤减太多，大量鞑靼人和切尔克斯人奴隶被引入城市中以弥补劳动力的不足。最晚不超过 1355 年，大教堂建筑工地上已经只剩教堂正立面和中殿的墙壁了。教堂的内部由于暴露在外遭受风吹雨淋，看起来破落不堪。尚未开工的东端地基也一直暴露在外，以至于大教堂以东的一条街干脆被人们取名为"地基旁边的路"（Lungo di Fondamenti）。

6　　好在接下来的十年里，这座城市渐渐恢复了生机，建造大教堂的工作也加快了速度。到 1366 年，中殿的拱顶已经建好，包括教堂穹顶在内的东端工程也已被纳入计划中。阿诺尔福·迪·坎比奥无疑是对教堂穹顶做出过设想的，但是没有关于他的原始设计的证据留存下来：14 世纪的某个时间，他制作的教堂模型因为承受不住自身的重量而倾塌，之后就被丢弃或拆除了，这也被看作一个不祥的预兆。不过人们在 20 世纪 70 年代进行挖掘工作时发现了一些废弃的地基，如果是根据这个地基建造穹顶，那么穹顶的直径本应该是 62 布拉恰（braccia，佛罗伦萨的长度单位，1 布拉恰等于 23 英寸，大概相当于一个人的手臂长度），约合 119 英尺。[1]这样的直径意味着圣母百花大教堂的穹顶比在它 900 多年以前由东罗马帝国皇帝查士丁尼建成的世界上最壮观的君士坦丁堡的圣索菲亚大教堂的穹顶直径多 12 英尺左右。

从 14 世纪 30 年代开始，负责建造大教堂和为工程筹资的任务由佛罗伦萨最大、最富有也是最有势力的羊毛业行会接手了。毛料商人们管理着大教堂工程委员会，不过这些监管者完全不知道要如何建造一座教堂——他们都是做毛料生意的，并不是建筑师。因此，他们不得不任命一个懂行的人，一位总工程师（capomaestro），这个人既要能够为大教堂制作模型、提出设计方案，还要能够与泥瓦匠及其他参与实际建造工作的工匠打交道。1366 年，工程规划进入了关键阶段，当时圣母百花大教堂的总工程师名叫乔瓦尼·迪·拉波·吉尼（Giovanni di Lapo Ghini）。根据大教堂工程委员会的指示，乔瓦尼开始为教堂穹顶制作模型，但是监管者同时又安排了另一位泥瓦匠师傅内里·迪·菲奥拉万蒂（Neri di Fioravanti）带领一群艺术家和泥瓦匠也制作一个模型。[2]圣母百花大教堂的命运即将经历一次巨变。

建筑师之间的竞争是一种历史悠久、受人尊敬的传统。出资人从很早以前就开始让建筑师们为争夺委托机会而进行竞争。这种实践可以追溯到公元前 448 年，当时雅典议会举行了一场竞赛，就其计划在卫城建造的战争纪念碑进行公开招标。在这样的情况下，让建筑师们以提供模型的方式向出资人或评委团说明自己设计的精妙之处已经成了一种常见做法。模型可以用木材、石料、砖块甚至是黏土或蜡来制作。与画在羊皮纸上的设计图比起来，这样的模型能够让出资者对建筑的尺寸和

7

成品的装饰效果有一个更具象化的了解。这些模型通常是体积巨大、充满丰富细节的，不少模型甚至大到允许出资人进入模型内部查看里面的情况，比如 1390 年时用砖块和灰泥制作的博洛尼亚的圣白托略大殿（San Petronio）模型就有 59 英尺长，比大多数房子都长。

乔瓦尼·迪·拉波·吉尼决定制作的是一个传统样式的模型。他计划采用典型的哥特式结构，墙壁较薄，窗子位置较高，墙壁外侧有扶壁支撑穹顶，就像前一个世纪里在法国建造的很多教堂都使用过的那种结构一样。扶壁是哥特式建筑中最主要的结构特征之一：通过将拱顶对墙立面的推力从关键位置转移到扶壁上的方式，扶壁可以很好地消化这部分应力，从而使教堂的墙壁可以被修建到惊人的高度。高墙上还会开很多窗子，这样就能够允许充足的神圣光芒照进教堂内部，这正是所有哥特式建筑建造者追求的目标。

然而，内里·迪·菲奥拉万蒂和他的团队不愿采取乔瓦尼·迪·拉波·吉尼建议的外部支撑结构，他们提出的是一种完全不同的穹顶构造。飞扶壁在意大利很少见，因为本地建筑师认为这种结构不美观，说它是一种怪异的权宜之计。[3]不过内里反对飞扶壁不仅是出于美学和架构考虑，还有政治层面的，因为它有点像佛罗伦萨一直以来的敌人——德国、法国和米兰——的建筑风格。到意大利文艺复兴时期，哥特人这个日耳曼人中的野蛮分支是如何在欧洲各处兴建起他们那些设计拙劣、比例失调的巨型建筑这件事，一直是文人们最爱涉猎的主题之一。

不过要是不使用飞扶壁，穹顶该怎么获得支撑呢？内里·迪·菲奥拉万蒂是佛罗伦萨泥瓦匠师傅中的代表人物，他在建拱这项最危险也最艰难的工程上拥有非常丰富的经验。巴杰罗宫大厅的 60 英尺宽的拱顶，以及当原本的旧桥（Ponte Vecchio） 8 被冲毁后，1333 年重建的旧桥桥拱都是由内里·迪·菲奥拉万蒂负责建造的。不过，他为圣母百花大教堂设计的穹顶计划更具野心，但这个设计在很大程度上还是未经验证的：内里相信即使不依靠外部扶壁的支撑也可以防止穹顶被自身重量挤压变形，即在穹顶内部可能发生断裂的位置嵌入一系列石头或木制的环绕穹顶一周的链条来实现这个目的，就好比用铁圈箍住木桶的木板一样。这样的话，建筑中存在的应力就可以被建筑结构自身吸收，而不是通过外部扶壁转移给地面。更重要的是，这些环行链条是被隐藏在穹顶砌体内部的，而不会像扶壁一样暴露在外。巨大的穹顶在似乎没有外力支撑的情况下向着天空拔地而起的景象将何其壮观，然而在接下来的半个世纪里，要如何将这个愿景转变为现实的问题，会让所有参与这个项目的人都感到雄心勃勃，但又无可奈何。

大教堂工程委员会的监管者们经过了反复的论证才决定如何在这两个方案之中做出选择。起初，内里的团队似乎占据了上风，不过乔瓦尼成功地让人们对这个设计方案的稳定性产生了怀疑。他的担忧代表了让所有中世纪建筑师都深受其扰的恐惧。今天，如果有出资者雇用了一位建筑师，那么他可以理所当然地认定完工后的建筑是稳固的，哪怕是遭遇地震或飓风也应该屹立不倒。然而在中世纪和文艺复兴时期，人们还不懂得静力学，出资者往往也享受不到这样的保证，建筑在建成后不久，甚至是在建造工程中就坍塌的情况并不罕见。比萨和博洛尼亚的钟楼都是在建造过程中就开始出现倾斜，原因是建筑脚下的土地发生塌陷；博韦（Beauvais）和特鲁瓦（Troyes）的大教堂的拱顶都是在建成之后不久就坍塌了。迷信的人将这些结果归咎于超自然原因，但对于更有见识的人来说，罪魁祸首其实是那些在设计过程中犯下了根本性错误的建筑师和建造者们（不过他们当时还不能完全理解自己的错误）。

最终，乔瓦尼的担忧让监管者们做出规定：尽管他们选择采纳内里的方案，但是支撑穹顶的柱子必须加粗。然而，加粗柱子可能会带来更大的问题。柱子的尺寸与八角形祭坛的尺寸直接相关，因为祭坛的边界就是由这些柱子组成的。一个直径62 布拉恰的八角形大厅的地基已经在建造中了，如今是不是要推倒重来？更严重的问题是，祭坛直径的增加意味着穹顶的跨度也要随之增加。要在没有可见支撑的情况下建造跨度超过62 布拉恰的穹顶这件事有可能实现吗？

1367 年 8 月的会议上，监管者们讨论了这些问题，最终决定将穹顶的跨度在原本设计的基础上再加宽 10 布拉恰。三个月后，为了遵循佛罗伦萨的民主精神——很可能也是监管者为了尽可能地减轻自己的责任——佛罗伦萨的市民们通过公投认可了这个建造计划。

决定采用内里·迪·菲奥拉万蒂的设计体现了人们的坚定信仰。从来没有人建成过哪怕是接近这个跨度的穹顶。平均直径143 英尺 6 英寸意味着建成的穹顶甚至将比罗马万神殿的穹顶跨度还要大，而万神殿的记录在此之前已经保持了一千多年。此外，圣母百花大教堂的穹顶不仅将成为有史以来最宽的，也将是最高的。大教堂的墙壁本身就有 140 英尺高，墙壁上沿还要建一圈 30 英尺高的鼓石（或称为鼓座）。穹顶就是建在这圈鼓石上的。它们实际上就是一个底座，作用是托高穹顶，好让穹顶能够更加高悬于整个城市之上。[4]鉴于此，建造穹顶的工作是要在惊人的 170 英尺以上的地方进行的，这个起始高度就已经比 13 世纪法国建造的任何哥特式拱顶的最终高度还要高了。实际上，已建成的最高的哥特式拱顶是博韦的圣皮埃尔大教堂（Cathedral of Saint-Pierre）。拱顶从将近 126 英尺的地方建起，最高处达到 157 英尺，比圣母百花大教堂穹顶开始建造的高度还低 13 英尺。圣皮埃尔大教堂里唱诗班席位上方的拱顶跨度只有 51 英尺，而圣母百花大教堂的穹顶的预计跨度是 143 英尺。1284 年，圣皮埃尔大教堂唱诗班席位上方的拱顶在建成仅仅十多年之后就坍塌了。这件事让怀疑论者们更加忧心忡忡，因为博韦的建筑师们已经同时使用了铁条和飞扶壁的双重加固，而佛罗伦萨的艺术家和泥瓦匠委员会依然坚决不考虑飞扶壁。

10

　　尽管面临着各种挑战，内里·迪·菲奥拉万蒂的模型还是确立了圣母百花大教堂最终将建成的穹顶的基本样式。有意思的是，这个设计里包含了两个，而非一个穹顶。这种一个套一个的结构虽然罕见，但在西欧并非绝无仅有。[5] 这种设计起源于中世纪的波斯，后来成了伊斯兰清真寺和陵墓建筑的标志性构造。这种结构的目的是让外层的高穹顶达到更惊人的高度，以使建筑外观看起来更有气势，同时让内层的矮穹顶更符合建筑内部的比例，并且能够给高穹顶提供一定的支撑；而外层的高穹顶也可以像一层保护壳一样防止内层穹顶暴露在自然因素之下。

　　除了双层穹顶的特殊构造之外，内里的穹顶还具有一个特别的形状。包括万神殿的穹顶在内的之前建造的穹顶从侧面看都是半圆形的，而圣母百花大教堂的穹顶从侧面看是带尖的。也就是说，穹顶的轮廓不是一个半圆，而是像哥特式尖拱那样向上凸出一个尖。这样的形状被称为"五分尖"（quinto acuto）。从术语上说，这个穹顶是由四个相互穿插的筒形拱组成的八角形回廊拱。这个复杂的结构会给50年之后开始建造它的工人们带来很多不可预见的问题，只有最精妙的解决方式才能克服这些困难。

内里的穹顶模型还成了佛罗伦萨人所尊崇的物件。这个高15英尺、宽30英尺的模型被当作圣物箱或神龛一样展示在一天天增高的大教堂一侧的通道中。每年，大教堂的建筑师和监管者们都必须把手放在《圣经》上宣誓，承诺他们会严格按照这个模型的样子建造大教堂。很多有抱负的木匠和泥瓦匠每天进出大教堂时无疑都要从模型旁边经过，他们一边思考着穹顶的建造工程，一边梦想着找到解决难题的办法。因此在1418年夏天，佛罗伦萨宣布举行寻找解决办法的竞赛之后，大教堂工程委员会共收到了十好几个模型，都是由满怀成功希望的能工巧匠提交的，他们其中有些人甚至来自最远包括比萨和锡耶纳在内的各个地方。

然而，所有提交的计划中只有一份看起来前景光明。这个模型提出了一种非常大胆而且突破常规的，能够解决如何建造这么巨大的穹顶的办法。模型是用砖块制作的，制作人既不是木匠，也不是泥瓦匠，而是一个会将解决建造穹顶的谜题作为自己毕生事业的人：一个名叫菲利波·布鲁内莱斯基（Filippo Brunelleschi）的金匠和钟表匠。

第二章 圣乔瓦尼的金匠

1418 年，习惯被人称作"皮波"（Pippo）的菲利波·布鲁内莱斯基 41 岁。他住在佛罗伦萨圣乔瓦尼区的一栋大房子里，房子就在大教堂西面，是菲利波的父亲留给他的。塞尔·布鲁内莱斯科·迪·利波·拉皮（Ser Brunellesco di Lippo Lappi）是一位事业有成、见多识广的公证人。他原本希望儿子能接自己的班，但是菲利波对于成为人民公仆没有表现出一丁点儿的兴趣，相反，他从很小的时候起就在解决机械问题上显露出惊人的天赋。毫无疑问，在距离自己家只有几步路且始终处于建造中的大教堂更激发了他对于机器装置的兴趣。布鲁内莱斯基就是随着日渐增高的圣母百花大教堂一起长大的，他每天都能看到人们用专为吊起大理石和砂岩石块而设计的踏车式起重机和吊车将石块运送到建筑顶部的情景。关于如何解决建造穹顶的谜题一定是他和家人经常聊的内容，而且塞尔·布鲁内莱斯科对于这件事颇有些见解，他曾在 1367 年的公投中投票支持内里·迪·菲奥拉万蒂的这个大胆设计。

虽然菲利波不愿做公证人这件事让塞尔·布鲁内莱斯科感到失望，但是他决定尊重儿子的意愿，并在他 15 岁时把他送到一个家族朋友的作坊里当学徒。这个朋友名叫贝宁卡萨·洛蒂（Benincasa Lotti），是一位金匠。给金匠当学徒对于一位显露出机械方面天赋的男孩儿来说是一种非常符合逻辑的选择。

金匠是中世纪手工业者中的贵族，他们能够探索自己丰富才能的范围很广，比如给手稿装饰金箔、进行宝石镶嵌、铸造金属制品、制作珐琅或雕刻银器，总之就是小到一个金纽扣，大到神龛、圣物箱或墓碑，没有什么是他们不会做的。佛罗伦萨艺术家和工匠中最闪耀的一些明星，比如安德烈亚·奥尔卡尼亚（Andrea Orcagna）、卢卡·德拉·罗比亚（Luca della Robbia）和多纳泰罗（Donatello）等雕塑家，还有保罗·乌切洛（Paolo Uccello）、安德烈亚·德尔·韦罗基奥（Andrea del Verrocchio）、莱昂纳多·达·芬奇（Leonardo da Vinci）和贝诺佐·戈佐利（Benozzo Gozzoli）等画家起初都曾经在金匠的作坊里接受过训练。

尽管金匠群体很有威望，但是金匠的工作内容对于他们的身体健康很不利。用于熔化金子、红铜和青铜的大熔炉有时要连续不断地烧几天几夜，哪怕是在炎热的夏天也不例外，这不但污染空气，还有爆炸和着火的风险。雕刻银器时还要用到诸如硫黄和铅之类的有毒物质。用来铸造金属器皿的黏土模型里也需要掺入牛粪和烧焦的牛角。更糟糕的是，大多数金匠的作坊都建在佛罗伦萨最臭名昭著的圣十字（Santa Croce）贫民窟里。这片位于阿诺河北岸的区域不仅像沼泽一样泥泞潮湿，还经常遭受洪水的冲击。这里是劳动者居住的地方，是染工、梳毛工和妓女的家。他们就在一片密密麻麻、摇摇欲坠的小木屋里生活和工作。

然而菲利波在这样的环境中发展得很好，很快就掌握了镶嵌宝石的技巧，还学会了乌银雕刻和浮雕压花的复杂工艺。从这时起，他还开始研究物体的运动，特别是平衡重、原动系和传动系的运动方式，并很快做出了成果。他制造了一些钟表，据说其中一个还是带闹铃的，这应该算得上人类历史上的第一批闹钟之一了。这个巧妙的装置似乎就是他后来众多令人震惊的技术创新中的开山之作，可惜并没有任何证据留存至今。[1]

1398 年，年仅 21 岁的菲利波就获得了金匠师傅的身份，短短三年之后，他又在一场竞赛中声名大噪，成了全市的名人。从这个活动所涉及的公共利益之重大的角度上说，它足以 14 与 25 年前乔瓦尼·迪·拉波·吉尼和内里·迪·菲奥拉万蒂的那场对决相媲美。这次竞赛就是著名的圣乔瓦尼洗礼堂铜门竞赛。

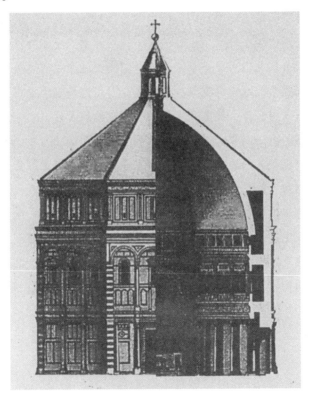

圣乔瓦尼洗礼堂

　　这场竞赛是因为爆发了疫情才举办的，结果它成了菲利波事业的转折点。佛罗伦萨总是难以摆脱黑死病的困扰，平均每十年，这里就会爆发一次疫情，而且通常是在夏天。1348 年的疫情尤为严重，之后的 1363 年、1374 年、1383 年和 1390 年又多次爆发了规模略小的疫情。人们想了各种办法驱除瘟疫，比如疯狂地敲响教堂的大钟，或是举着火器向天空射击。摆放在临近的因普鲁内塔（Impruneta）的教堂里的圣母画像也会被请到佛罗伦萨，在长长的队列的护送下，被人抬着穿过城中的大街小巷，人们都相信这幅据说是由圣路克创作的画像具有神圣的威力。有钱的人可以到乡村里躲避瘟疫，而留在城中的人则依靠在灶台里点燃苦艾、杜松和薰衣草的办法。公牛角和硫黄块儿也可以被拿来焚烧，因为由此产生的恶臭被认为能够同样有效地消灭空气中的病菌。可是这种烟熏消毒法会导致空气太过刺鼻，连屋顶上的麻雀都被呛死了。

　　1400 年夏天的疫情是历史上最严重的几次之一，有 12000 名佛罗伦萨人死亡，相当于每五人中就有一人以上因为这场瘟疫而丧命。第二年，为了安抚暴怒的神明，布料商人行会的商人们决定出资为圣乔瓦尼洗礼堂制作一套新的铜门。全佛罗伦萨的新生儿都是在这个洗礼堂的洗礼池受洗的，这座教堂也一直是整个城市中最受尊敬的建筑之一。有大理石装饰的外立面和穹顶构造的八角形洗礼堂就位于在建中的宏伟大教堂西侧几码之外的地方。很多人错误地认定这座洗礼堂是尤利乌斯·恺撒为庆祝罗马人在附近的菲耶索莱镇（Fiesole）取得军事胜利而建造的战神殿（实际上它的建造时间比这晚得多，大约是在公元 7 世纪）。同样做过大教堂总工程师的雕塑家安德烈亚·皮萨诺（Andrea Pisano）曾在 1330 年到 1336 年为洗礼堂铸造了铜门作为装饰：门上全部 20 块铜板描绘的都是施洗约翰的生活场景，约翰被认为是佛罗伦萨的主保圣人。不过自那以后，人们一直没有再为洗礼堂进行过什么装饰美化的工作，皮萨诺的铜门早已陷入了年久失修的窘境。

1401 年，菲利波去了皮斯托亚（Pistoia），他也是为躲避瘟疫而离开佛罗伦萨的。身在异乡的时候，他和另外几名艺术家一起为当地的大教堂修建圣坛，这本身也是一项非常荣耀的工作，不过菲利波一听到铜门竞赛的消息，就马上返回了佛罗伦萨。佛罗伦萨众多艺术家和雕塑家之中的翘楚，还有包括佛罗伦萨最富有的人、银行家乔瓦尼·迪·比奇·德·美第奇（Giovanni di Bicci de'Medici）在内的多位杰出市民代表等共 34 人被选为评委，他们将从来自托斯卡纳各地的 7 位金匠和雕塑家之中选出一位胜者。

在那个特殊的时期，瘟疫还不是威胁着佛罗伦萨的唯一问题。疫情刚开始有所缓解，一种潜在危害更大的新威胁就进入了人们的视线，它给包括圣母百花大教堂工程在内的很多事都造成了严重的影响。新的大教堂的建造工作本来正在紧锣密鼓地展开，将要支撑穹顶的主要支柱上的大拱是从 1397 年开始建造的，八角形大殿三个面上的小礼拜堂的拱顶也都正在修建中。大教堂东侧一片三角形区域是将来的主教堂广场（Piazza dell'Opera）所在地，那里也已经被清理出来并铺好了地面。人们还为大教堂工程委员会修建了新的办公场所。然而在 1401 年年初，这个项目突然停工了，因为大教堂的泥瓦匠们都被征召到位于通往锡耶纳的道路上的小镇基安蒂（Chianti）加固卡斯特利纳（Castellina）的城墙去了。又过了没多久，作为佛罗伦萨共和国行政主体的执政团就仓促下令，让泥瓦匠

16

们继续对位于通往比萨的道路上的另外两个小镇，马尔马泰尔（Malmantile）和拉斯特拉（Lastra）的城墙也进行加固。

突然慌慌张张地修墙的原因是来自北方的威胁：十年前，佛罗伦萨人曾与米兰公爵詹加莱亚佐·维斯孔蒂（Giangaleazzo Visconti）交战。詹加莱亚佐是一位长着红胡子的暴君，他为人凶残、充满野心。他的盾徽图案令人毛骨悚然，但是与他极为相配：一条盘绕的毒蛇正在咬紧下巴，想要吞下一个小小的还在挣扎的人。公爵在米兰执行的专制统治与佛罗伦萨的"民主"大相径庭。根据亚里士多德的评判标准，佛罗伦萨是完美的共和国，因为这里的统治者都是经选举产生（虽然公民权的范围很窄），且当选后任职时间不长。1385 年，詹加莱亚佐先是囚禁后又毒死了既是叔叔又是岳父的贝尔纳博·维斯孔蒂（Bernabò Visconti），从而获得了对米兰的统治权。为了使自己的身份与新的统治地位相称，詹加莱亚佐贿赂了温塞斯拉斯四世皇帝（Wenceslaus Ⅳ），让后者封自己为米兰公爵。与此同时，他还开始在米兰兴建一座大教堂。这座体积宏大的哥特式建筑上有小尖塔和飞扶壁——换句话说就是它采用了内里·迪·菲奥拉万蒂和他的团队坚决反对的那种建筑样式。

此时，这个宿敌的阴影再度笼罩了佛罗伦萨。因为对自己局限于意大利北部的势力状况感到不满，詹加莱亚佐打算将整个半岛都纳入自己的统治。比萨、锡耶纳和佩鲁贾都已经屈服。到 1401 年时，只剩佛罗伦萨挡在他占领意大利北部和中部所有地区的路上。佛罗伦萨无论在政治上还是地理位置上都处于被孤立的状态。在詹加莱亚佐的围困之下，通往比萨和皮翁比诺的海港的通道都被切断了，这使佛罗伦萨的贸易活动几乎全部暂停，还随时面临出现饥荒的可能。米兰的暴君甚至阻

止佛罗伦萨人进口用于制作梳理羊毛的工具的材料。随着公爵 17
的军队日益逼近佛罗伦萨，名垂青史的共和国政权似乎已经危
在旦夕。

　　制作第二套铜门的竞赛就是在这样紧急和危难的背景下展
开的。竞赛的规则很简单：每位参与者都能获得总重量为75
磅的四块青铜板做原料，他们要根据同一个主题创作一幅作
品，这个主题就是《创世记》22：2～13中描述的亚伯拉罕用
以撒献祭的故事。传统上，这个故事被认为是对耶稣将被钉死
在十字架上的预示，不过对于布料商人行会的商人们来说，他
们从中领会的更直接的含义是一种突然降临的救赎——佛罗伦
萨刚刚"奇迹般地"又熬过了一场瘟疫，也许詹加莱亚佐大
军压境的威胁也能在最后一刻突然消失。[2]参赛者有一年的时间
来完成他们的参赛作品，成品的尺寸大约是17英寸长、13英
寸宽。

　　一年的时间对于制作这么一块相对不大的作品来说似乎很
宽裕了，不过铸造青铜制品实际上是种非常精细的工作，对制
作者的技艺要求很高。制作工序的第一步是在被小心风干的黏
土上雕刻出人物形象的大致模型，等黏土彻底干透之后，就在
这个模型表面涂一层蜡。第二步是在这层蜡膜上完善雕像或浮
雕内容，直到模具被雕刻成令作者满意的精准作品为止。第三
步是在这个蜡模具表面再涂一层新的封层，这一次是用烧焦的
牛角、铁屑、牛粪和水混合揉成的糊状物。用猪毛刷把这种糊
状物涂到蜡层上面之后，还要进行第四步，即在糊状物之外再
抹几层柔软的黏土，而且要等前一层黏土干透之后才能再涂下
一层。最后用铁箍将这一坨不成形的土块箍住——铜质雕塑成
品就是从这个蝶蛹一般的东西里破茧而出的。

把这个半成品放到窑里烧制时，黏土的部分会变硬，蜡层则会融化，并从通常被预留在土块底部的小孔里流出。蜡油流干净之后，土块内部就有了空间，此时再把在熔炉中烧化的青铜液体灌注进这个制好的模具就可以了。制作工序的最后一步是敲碎外面那些无用的土壳，露出里面已经成型的铜质雕塑，再对其进行镂刻、雕琢、抛光，有必要的话也可以镀金。由于整个制作过程中随时可能出现的意外总是令制作者倍感担忧，以至于多年后，米开朗琪罗每次灌注青铜液体之前都会请教士为他举行弥撒祈福。

1402 年时，参赛作品都已经制作完成，举着上面纹有詹加莱亚佐那令人恐怖的盾徽旗帜的大军也已经驻扎在佛罗伦萨城门之外。评选过程如期启动，可以确定的是，获得一个这么荣耀的工作机会一定会令胜者名声大噪。在全部七名参赛者中，只有两位配得上这样的嘉奖。菲利波·布鲁内莱斯基发现自己最终的对手是一位年纪轻轻、没有任何名气的金匠。也是从这时起，一场贯穿一生的同行竞争在二人之间拉开了序幕。

洛伦佐·吉贝尔蒂（Lorenzo Ghiberti）并不是什么能够在制作洗礼堂铜门这样的大型竞赛中拔得头筹的热门人选。当时年仅 24 岁的他还没有做出任何为人熟知的作品，他既不是金匠行会，也不是雕塑家行会的成员。更糟糕的是，他父亲的身份成谜。官方记录说他父亲是一个名叫乔内·博纳科尔索（Cione Buonaccorso）的浪荡子，但传闻称他其实是一位名叫巴尔托卢奇奥·吉贝尔蒂（Bartoluccio Ghiberti）的金匠的私生子，而这个金匠此时的身份是他的继父。[3]洛伦佐在巴尔托卢奇奥的作坊里当过学徒，帮助制作耳坠、纽扣等各种金匠能够

18

制作的产品——这些工作显然和制作洗礼堂铜门不是一个档次的。1400 年疫情暴发后，洛伦佐躲到亚得里亚海岸边气候宜人的里米尼（Rimini）去了，他在那里没有继续做金匠，而是找了份绘制壁画的差事。一年之后，他在巴尔托卢奇奥的督促下返回佛罗伦萨，后者向他保证，只要他能赢得制作洗礼堂铜门的佣金，他一辈子都不用再做耳坠了。

两位最终候选人的工作方式真可谓天壤之别。洛伦佐应该算是一位狡猾的策略家，他会广泛征询其他艺术家和雕塑家的意见，有些被征询对象还恰好是评委会的成员。洛伦佐把这些人请到巴尔托卢奇奥在圣十字的作坊里，让他们对自己的蜡质模具发表意见。无论是花费多少工夫制作的，洛伦佐都愿意在吸收别人的意见之后将原本的模具化掉重做。他甚至会向陌生人征求意见，连在上班途中路过此地的圣十字的染匠或梳毛工也会被他招呼到作坊里。洛伦佐还充分利用了巴尔托卢奇奥的帮助，后者负责帮他抛光最终的成品。 19

相反，菲利波则倾向于独立工作。保密性和独立性是他此后 40 年工作习惯的两大标志。后来在他制作建筑模型，或是设计起重机和船之类的有专门用途的发明时，菲利波一直非常重视自己的独创者身份，而且从来不把自己的想法写到纸上，就算写也会使用暗语和密码。他要么独立工作，要么和一两名信任的徒弟一起，他总是担心无知的人会把他的计划搞砸，或是试图分享他的成果——后来这样的噩梦也确实变成了现实。

最终，评委们和佛罗伦萨的市民们就两人的青铜浮雕作品分成了两个阵营——直到今天，艺术史学者们对于这两幅作品的态度似乎也是这样泾渭分明。菲利波的铜板是二者中更有视觉冲击力的，画面中的亚伯拉罕和天使像戏剧场景中的角色一样，以一种能够让人感受到他们的狂暴的造型站在以撒扭曲的身体旁边。相比之下，洛伦佐的人物造型则更优雅、高贵。他的作品从技术层面上说也更完善，不仅耗费的青铜原料较少，而且是采取了将整幅画面浇筑成一块完整铜板的形式。今天到佛罗伦萨游览的人们有机会就这两幅作品的高下做出自己的评判，因为它们都被展览在巴杰罗国家博物馆里。至于其他没能入选的那五幅作品结局如何就无人知晓了，可能是在佛罗伦萨后来的无数次战争中被熔掉了——这些战争总是会给青铜器带来威胁。16 世纪的佛罗伦萨古文物研究者和收藏家弗兰奇斯科·阿尔贝蒂尼（Francisco Albertini）建议，如果金匠们想让自己的作品永存于世，那么他们就要把铜板做得比刀刃还薄，否则很难逃脱被拿去熔掉，制成加农炮炮弹的命运。将青铜器化掉改做炮铜非常容易，方法是在合金里多加点儿锡，大约是制作青铜所需的两倍的量就可以了。洛伦佐后来有不少作品似乎都落得了这样的下场。

关于 34 位评委最终如何做出评判的过程存在两种相互矛盾的说法。一种是洛伦佐在其自传《纪事》（*Commentarii*）中宣称的，另一种是菲利波的第一位传记作者，安东尼奥·迪·图乔·马内蒂（Antonio di Tuccio Manetti）提出的。虽然马内蒂 1423 年才出生，但他声称自己与菲利波相识。所以，也许这两个人都很难做出公正客观的评论。洛伦佐大言不惭地坚称自己是 "毫无争议的" 胜者。而在 15 世纪 80 年代创作的《布鲁内莱斯基的一生》（*Life of Brunelleschi*）中，马内蒂则讲述了一个复杂得多的故事，据他说评委们无法在两个作品中做出选择，于是决定将这项工作同时委托给两人，由他们联手完成。考虑到工程的规模，以及两名年轻金匠相对都没有太多的经验，评委们会做出这样的决定完全是合乎情理的。但是，按照马内蒂的说法，菲利波拒绝与洛伦佐合作，要求由他一人全权负责这项工作。考虑到菲利波的刚愎自用和暴躁易怒，他会有这样的反应也不令人意外。固执地不肯与人合作后来成了他一生中不断重复的主题。

根据马内蒂的描述，菲利波独掌大权的要求被拒绝之后，他就退出了竞赛，把整个项目拱手让给了自己的对手。从那时起，他不仅放弃了雕塑，终身未再制作任何青铜器，而且干脆离开佛罗伦萨到罗马去了。在接下来的 15 年里，他断断续续地居住在罗马，一边靠制作钟表和镶嵌宝石养活自己，一边致力于研究古罗马的建筑遗迹。与此同时，洛伦佐用 22 年的时间完成了最终重达 10 吨的铜门。这扇门被公认为佛罗伦萨艺术品中的杰作之一。

那么詹加莱亚佐·维斯孔蒂后来怎样了？1402 年夏天，米兰军队还在围困佛罗伦萨期间，托斯卡纳乡下的一位隐士预言暴君活不过当年年底，结果这一预言提前几个月就应验了。8 月中的托斯卡纳地区闷热难熬，就在佛罗伦萨看起来已经唾手可得的时候，詹加莱亚佐却发起了高烧，卧病几个星期之后，暴君于 9 月初一命呜呼，享年 52 岁。他死后不久，围城行动就结束了。米兰军队解散后，对佛罗伦萨的各种封锁行动也随之停止，这个城市最终免遭劫难。共和国历史上最光辉的一个世纪——被伏尔泰称为世界历史上最伟大的时代之一——已经准备好就此拉开序幕。

第三章　寻宝者

　　朱庇特神庙、城市广场、火星神庙、圆形露天剧场、高架渠、旧桥上骑着马的战神塑像、罗马样式的公共浴场以及各种城墙和塔楼，更不用说此时被改作监狱的地下墓穴（burelle，有小道消息称那里其实是妓女的藏身之地），对于佛罗伦萨人来说，这座城市中到处都是古罗马遗迹。

　　反正他们自己是这么认为的，但实际情况是，佛罗伦萨城中的古罗马遗迹并不多。很多所谓的罗马建筑其实都是在古罗马时期之后很久的，并不是那么辉煌的年代中建造的，洗礼堂就是这样的例子之一。即便如此，被误导的佛罗伦萨人还是很为自己的纯正血统而骄傲，因为这里的历史学家总是能够发明出各种将他们的城市与古罗马联系在一起的绝妙理由。公元1200 年前后创作的一本历史著作《城镇起源编年史》（*Chronica de origine civitatis*）就宣称这个城市是由尤利乌斯·恺撒创建的。一个世纪之后，同样令人信服的但丁在他的《飨宴》（*Convivio*）中称佛罗伦萨是"罗马的美丽且著名的女儿"。人文主义哲学家莱昂纳多·布鲁尼（Leonardo Bruni）也认可佛罗伦萨与罗马之间存在一种值得骄傲的联系，不过他不认为佛罗伦萨的创建者是尤利乌斯·恺撒——这位帝国暴君难免会让人不快地联想到詹加莱亚佐·维斯孔蒂。相反，布鲁尼认为佛罗伦萨的创建者其实是卢基乌斯·科尔内利乌斯·苏拉

（Lucius Cornelius Sulla），他是在恺撒当政 20 多年前，也就是罗马共和国的全盛时期创建的佛罗伦萨。这种理论在 1403 年时 22 获得了支持，因为人们在圣使徒教堂（Santissima Apostoli）里发现了据说能够证明这一观点的遗迹和文件。

因此，当菲利波在洗礼堂大门竞赛结束后不久前往罗马的时候，关于佛罗伦萨共和国源自罗马的这种充满爱国热情的说法仍然不绝于耳，而且这个争论在维斯孔蒂围城时期还变得更加激烈了。[1]然而 15 世纪早期的罗马在很多方面都表现出了一幅令人灰心丧气的悲惨景象，这座"永恒之城"大概已经变成了佛罗伦萨人巴不得与其撇清关系的"母城"。帝国鼎盛时期，罗马的居民曾经达到 100 万，如今这里的人口甚至还没有佛罗伦萨的多。1348 年的黑死病让城中人口骤降至仅剩 20000 人。在那之后的 50 年里，人口数量只出现了小幅增长，罗马的范围也随之收缩到了古代城墙之内的一小片地方。它曾经将七座大山包围在内，此时则仅剩分散在台伯河岸边的几条街道，与对岸的墙壁随时可能倒塌的圣彼得大教堂遥遥相望。街道上也是肮脏不堪，随处可见狐狸和乞丐，还有牲口在此时被戏称为"母牛场"（il Campo Vaccino）的集会广场上吃草。其他历史遗迹的命运甚至比集会广场的更糟糕。朱庇特神庙成了堆放秽物的粪堆；庞贝剧场和奥古斯都的陵墓成了采石场，人们从这里收集古代的砖石用在新的建筑上，最远甚至被用在了威斯敏斯特教堂上。很多古代雕塑已经成了散落一地的碎片，一部分被掩埋在废墟中，其余的或是被送到烧窑里焚烧，用来制作生石灰，或是被洒在贫瘠的庄稼地里作肥料。有一些石块被用来给驴和牛砌食槽。连卡利古拉（Caligula）的母亲大阿格里皮娜（Agrippina the Elder）的墓碑也被改做了称谷物和盐的量具。

　　罗马是一个充满危险且缺乏吸引力的地方。那里地震频发，疫情不断，战乱连年，八圣徒之战（War of the Eight Saints）更见证了英国雇佣兵是如何践踏这座城市的。那里也没有任何商业活动或兴旺产业，只有从欧洲各地前来的朝圣者。他们人手一份《罗马的奇迹》（Mirabilia urbis romae），里面的内容是指引他们在罗马的时候要去膜拜哪些圣物，比如耶路撒冷圣十字圣殿（Santa Croce in Gerusalemme）的圣多默的指骨，城外圣保禄大殿（San Paolo fuori le Mura）的圣安妮的手臂和因耶稣而改变信仰的撒玛利亚妇人的头颅，圣母大殿（Santa Maria Maggiore）的圣婴摇篮，等等。城中充斥着一种唯利是图的氛围：赦罪修士在街头货摊上出售赦罪券；教堂宣扬的也是到自己这里告解，能够让忏悔人在地狱里少受八千年的折磨。

　　《罗马的奇迹》里可没有提示朝圣者注意处处可见的罗马遗迹的内容。对于这些虔诚的基督徒来说，这些古代遗迹无非异教崇拜的残留，更糟糕的是，那上面染着基督教殉道者的鲜血。比如戴克里先浴场（Baths of Diocletian）就是靠强迫早期基督徒做苦役建起来的，很多人在建造过程中丧命于此。所以就算是那些历经千年，在地震、侵蚀和疏于照管之下幸免于难的古代雕塑也没能逃脱人为的践踏、唾弃、推倒和摧毁。

　　即便如此，还是有一些古老的罗马异教时期的辉煌佳作躲过了这些新时代的汪达尔人①的魔爪，通向南方的阿皮亚古道（Via Appia）就是这样一个建筑奇迹。古道是用大块玄武岩巧妙拼接而成的，没有涂抹任何砂浆。这条路就像射出的弓箭一

---

　　① 汪达尔人（Vandal）是一个日耳曼人部落，也可能是几个部落的统称，他们曾经洗劫罗马，被文艺复兴时期的作者认定为"野蛮人"，他们的名字"vandal"还被引申成了肆意破坏和亵渎圣物的同义语。——译者注。

样穿过了山脉、沼泽和峡谷。更有意思的是，在沿这条路绵延数英里的范围内，至今仍有 30 万个坟墓，因为古代的法律规定，只有维斯塔贞女和君主的遗体可以被埋葬在罗马城墙之内。此外，人们还能看到克劳狄引水道（Aqua Claudia）已经损坏了的桥拱。水道全长 43 英里，桥拱高 100 英尺，这个建筑不仅体现了古罗马人精湛的工程技术，还让罗马人都能喝上新鲜的饮用水（而他们的后代却只能从被污染的、散发着难闻气味的台伯河中取水）。这一时期的某些罗马人甚至已经不知道高架桥原本的作用为何，还以为它是被用来从那不勒斯进口橄榄油的。

菲利波在洗礼堂大门竞赛结束不久后抵达了这个肮脏不堪、濒于崩塌的城市。他接下来会在罗马断断续续地停留 13 年左右，其间偶尔会返回佛罗伦萨待一阵。最初和菲利波结伴前往罗马的是一位当时还未成年，但是已经显露天赋的佛罗伦萨雕塑家多纳泰罗。他们二人之间的关系虽然出现过一些危机，但总体上维系了很多年。这对伙伴很合得来，只是多纳泰罗比菲利波的脾气还要火爆。一两年前，当时多纳泰罗只有 15 岁，他就在皮斯托亚因为用一根大棒子打了一个德国人的头而惹恼了地方法官。很多年后，他还为谋杀一个逃跑的学徒专程追到费拉拉（Ferrara）。雇用他制作艺术品的出资人也不得不忍受他的暴脾气，如果他们不为雕塑支付多纳泰罗要求的价格，那么这位雕塑家一阵脾气上来，甚至会砸毁自己的作品。

两个年轻人过着流浪汉一样的日子，吃什么、穿什么、在哪里睡觉都不重要。他们把主要精力都花在了一起发掘众多废墟上，还会雇用脚夫搬运碎石。当地人将他们视为"寻宝者"，认为他们是在废墟里寻找金币或其他财物。有时候他们会挖出装满古代奖章的陶器，这无疑更加深了人们对于他俩身份的坚定不移的看法。他们的这些活动会引发猜疑甚至畏惧，不仅是因为人们怀疑他们在进行泥土占卜（一种通过把一捧泥土撒在地上，然后解读泥土的图形来占卜未来的巫术），还因为人们担心异教徒的残留物会招来厄运。比如14世纪时，锡耶纳人从地下挖出了一尊古罗马雕塑，并把它摆放在城市主广场的喷泉里，之后锡耶纳人就在战场上败给了佛罗伦萨人，前者于是立即把雕塑从广场上搬走，然后埋在了属于佛罗伦萨的领地内，希望以此诅咒敌人。

就连多纳泰罗也不知道菲利波进行这些挖掘活动究竟是在寻找什么。安东尼奥·马内蒂宣称菲利波保持了他一贯的神秘性，他当然是在研究古罗马的遗迹，表面上却要装成在干别的什么事情。他会在羊皮纸上记录一系列含义不明的象征符号和阿拉伯数字，就是像后来的莱昂纳多·达·芬奇在描述自己发明时所使用的镜像书写法一样的暗语。在专利和版权的概念产生以前，科学家们不得不使用密码来隐藏自己的发现，以防被25 充满忌妒心的竞争者偷学了去。早在两个世纪之前，因为在望远镜、飞行器和机器人上进行的实验而素有"奇异博士"之称的牛津哲学家罗杰·培根（Roger Bacon）就曾宣称，科学家绝对不能用普通的语言记录自己的发现，而是必须使用"暗语"。①

----

① 人类科学史上有很多这样的密码。英国科学家、发明家罗伯特·胡克（Robert Hooke）在发现弹性定律之后采用了易位构词法来隐藏自己的秘密：CEIIINOSSSTUU 经破解后读作 UT TENSIO SIC VIS，即"弹力随伸长变化"。解读这种暗语时难免会出现各种错误。伽利略用易位构词法告知开普勒自己发现了土星周围的环状物，正确破解他暗语的结果应当是 OBSERVO ALTISSIMUM PLANETAM TER GEMINIM，即"我观测到的最远的星球是由三个部分构成的"，而开普勒破译的结果却是 SALVE UMBISTINEUM GEMINATUM MARTIA PROLES，即"万岁，双星做伴，火星的孩子们"。——作者注

佛罗伦萨市政府早在 1296 年就出台了禁止使用阿拉伯数字的法令[2]，那么菲利波使用这些暗语符号和阿拉伯数字是出于什么目的呢？马内蒂宣称菲利波是在考察罗马古迹，测量它们的高度和比例，但他未能说明菲利波是用什么方法进行测量的。菲利波很可能是用一根笔直的木棍来测量建筑高度的，这个方法也许是从莱昂纳多·斐波那契（Leonardo Fibonacci）的《实用几何》（1220 年）中学到的，这本书是在佛罗伦萨上学的学生们必学的内容。菲利波也有可能是使用象限仪，或更简单的工具——镜子——来进行测量的，后一种方式也是斐波那契描述过的。测量者将镜子摆在距离被测物体一定距离的地面上，然后自己移动到能够从镜子中看到被测物体顶部正好处于镜面中间位置的地方。用被测物体与镜子之间的距离乘以测量者的身高再除以测量者与镜子之间的距离，就可以计算出被测物体的高度。

菲利波并不是第一个测量罗马古迹的人。早在 1375 年，著名的钟表匠乔瓦尼·德·唐迪（Giovanni de' Dondi）就测量过圣彼得大教堂的方尖碑。他在自己的作品《罗马之行》（*Roman Journey*）中描述了测量活动的过程。不过菲利波想要探寻的是另一种特别的奥妙。在计算柱子和三角楣饰的比例时，他专门测量了由希腊人发明，后来被罗马人效仿并完善的三种柱式（多立克柱式、爱奥尼柱式和科林斯柱式）的尺寸来作为研究数据，这些柱式都遵循了精确的数学比率，通过一系列比例规则来实现美学效果。比如科林斯柱式的柱上楣构的高度就是支撑它的柱干部分高度的 1/4，柱干高度则是柱干直径的 10 倍，等等。15 世纪初期，罗马还有无数这三种柱式的实例存在。戴克里先浴场的柱子采用了多立克柱式，福尔图纳

26

神庙（Temple of Fortuna Virilis）的柱子选择了爱奥尼柱式，万神殿的柱廊上的柱子都是科林斯柱式，古罗马竞技场则兼有三种柱式——底层是多立克柱式，中间层是爱奥尼柱式，顶层是科林斯柱式。[3]

菲利波了解佛罗伦萨的大教堂要建造穹顶，而且至今还没有人想出建造办法的情况，所以他肯定对古罗马人建拱的方式格外留心。15 世纪早期，罗马还有很多穹顶可供菲利波仔细研究。在公元 64 年的一场大火将大部分罗马城烧毁之后，尼禄制定了一些规范（非常类似于 1666 年伦敦大火之后制定的那些），内容包括加宽街道、控制水资源供给，以及从建筑角度来说最重要的——限制可燃建筑材料的使用。因此罗马人从那时起就开始在他们的建筑中使用刚刚发明出来的混凝土。罗马混凝土的秘密在于它的砂浆中含有从包括诸如维苏威火山（Vesuvius）在内的一些活火山上取得的火山灰。除了火山灰和石灰砂浆，混凝土中还加入了大量碎石，这些元素结合在一起能让混凝土强度更强，硬化时间更快。传统的用生石灰、沙子和水混合而成的砂浆只有在水分蒸发之后才能硬化，而（被称为）"火山灰混凝土"（pozzolana concrete）的这种新式混凝土则可以与水发生化学反应，从而如现代的波特兰水泥一样，即便是在水下也可以迅速硬化。尽管罗马人是从公元前 1 世纪起开始用混凝土建造公共浴场的拱或穹顶，但广泛且具有开创性地使用混凝土建造拱或穹顶还是从公元 64 年的那场大火之后开始的。穹顶的历史借着大火创造的契机由此拉开了序幕，罗马人相信这场大火要么是尼禄亲自指示的，要么就是诸神在发泄他们的怒火。

尼禄的金宫（Domus Aurea）就是在大火之后不久由建筑

师塞佛留斯（Severus）和塞勒（Celer）一起建造的，从中不难看出设计者对于使用混凝土构建新的建筑造型已经有了信心。这处辉煌的城市宫殿占地面积极广，覆盖了从帕拉蒂诺山到埃斯奎利诺山之间被大火烧毁的区域。建造这座宫殿耗费了巨资，宫殿内有不少精心制作的装饰物，（1506 年时在这里被后人发掘的）拉奥孔神像就是其中之一。此外，建筑中还存在各种机械奇观，比如餐厅天花板内部隐藏的管道就是用来向与君主一起进餐的客人身上喷洒香水的。不过，这里最有意思的建筑特点还要数位于建筑东翼的八角大厅那跨度约 34 英尺的穹顶。八角形的构造一定引起了菲利波的兴趣，因为他当然知道计划建造的圣母百花大教堂的穹顶也是八面体，只不过比眼前这个还要大得多。

更让菲利波着迷的建筑是万神殿。这座建筑始建于公元 118 ~ 128 年，是帝国皇帝哈德良供奉宇宙诸神的神殿。与金宫的八角形穹顶不同，万神殿的穹顶体型巨大，内部跨度有 142 英尺，高度为 143 英尺。在万神殿的穹顶建成 13 个世纪之后，它依然是当时世界上最大的穹顶。万神殿后来被改作了圣玛利亚教堂（Santa Maria Rotonda），这也让它躲过了被洗劫和破坏的命运。当时的罗马人和朝圣者都为这个巨大的穹顶而感到无比惊奇。在没有任何可见支撑的情况下，这样的构造似乎是违反自然法则的。人们没有把这样的奇迹归因于古代工程师的高超技艺，反而认定是魔鬼发挥了邪恶的力量，所以万神殿也被称为"恶灵居所"。

菲利波会研究这座"恶灵居所"的哪些建筑特点呢？万神殿的建筑师们当然也面临过所有建造穹顶之人都要面对的一成不变的静力学问题，即如何抵消任何拱形都要承受的作用力。这些作用力分为压力（"向下压"）和张力（"向外推"）两种。建筑中的所有元素——无论是柱子、拱、墙壁还是房梁——都要承受这种或那种作用力：石料或木材会因受到上方的压力而被压短或是因受到侧面的张力而被拉长。建筑师必须设计一个能够让这些力互相作用、互相抵消的建筑结构，通过作用与反作用的巧妙博弈，将这些力安全地传导到地面上。

第一种类型的作用力不会给建筑师带来什么无法克服的困难，石料、砖块和混凝土的抗压强度都很大，所以建筑可以被建得很高也不至于把底部压垮。索尔兹伯里大教堂（Salisbury Cathedral）的塔楼是英格兰最高的塔楼，其高度达到了404英尺。科隆大教堂的两座高塔更是足有511英尺高，相当于一座50层的建筑物，这让它们比吉萨的大金字塔还要高上十几英尺，后者也是用了足够强韧坚实的石块才得以被建成的宏伟建筑。然而，即便是这些高耸入云的建筑产生的压力也远没有达到建材所能承受压力的极限：一根石灰岩柱子可以一直向上延伸至12000英尺，也就是说，当它的高度超过2英里时，才会因为承受不住自身的重量而倾倒。

不过，穹顶上的石料并不只是向下压，它们还会受到一种被称为"环向应力"的向外推的作用力，就好像如果从顶部挤压一个充了气的气球，那么气球中间的部分就会向外凸出。对于建筑师来说，问题就在于石料和砖块承受横向推力的能力远没有承受压力时那么强。

罗马人似乎对于张力和压力造成的建筑结构问题有一定了解，他们试图通过使用新型的火山灰混凝土来解决这一问题。水平方向受力最大的位置是穹顶的底部，所以万神殿穹顶底部的墙壁极厚，达到了23英尺。越靠近穹顶顶部的墙壁越薄，最高处只有 2 英尺厚，正中还留了一个圆洞，被称作"眼睛"
（oculus）。建造者在向穹顶底部墙壁的木制模板内浇筑混凝土
时采取的是水平方向一层层浇筑的办法，先后共使用了 5000
吨重的混凝土。而到了穹顶顶部，建造者就改为使用重量较轻
的浮石，甚至还采用了一种在当时来看很新颖的方法，即用空 30
的双耳细颈陶罐（amphorae，一种用于运输橄榄油的器皿）代
替碎石填充在混凝土里，以此来减轻墙壁的重量。穹顶的内部
镶嵌了方格天花板，这种形式不仅能够进一步减轻重量，还能
增强装饰性，自那之后一直被人们广为沿用。

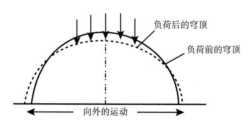

环向应力

虚线显示的是穹顶受到顶部重量的压力后会
发生怎样的变形。

万神殿为菲利波提供了证据，证明建造一个跨度像圣母百
花大教堂规划的那么大的穹顶是具有可行性的。不过哈德良的
建筑师们并没有获得彻底的成功，因为穹顶内部已经出现了一
些肉眼可见的裂缝，那些裂缝像天上的闪电一样沿着整个天花
板从上向下延伸到起拱线的位置，也就是穹顶的墙壁开始向内
弯曲的起点。裂缝产生的原因就是穹顶腰部在环向应力的作用
下被向外推，使得建筑构造承受不住水平圆周方向的应力而破
裂。菲利波看到图拉真浴场（Baths of Trajan）的半圆形穹顶

底部也有类似的呈放射状的裂纹，实际上，这种裂纹已经成了石砌穹顶上一个常见的标志。如何管控这种似乎连 23 英尺厚的混凝土墙壁都抵挡不住的水平方向的应力，就是建造一个稳固的穹顶需要解决的首要问题。看起来，即便是穷尽古罗马人的智慧，也没法为摆在内里·迪·菲奥拉万蒂和他的同伴们面前的挑战找到一个解决办法。

31　　菲利波究竟在罗马待了多久，又是何时离开的已经无法确定。他在罗马的经历就是一种新形式的追寻的最早的例子之一。一些不同于以往朝圣者的另类朝圣者自此开始纷纷前往这座城市，他们想看的遗迹可不是基督教教堂里展示的圣人尸骨。罗马的形象在文艺复兴时期将发生转变，这个古老的城市不但不会再因为其与异教徒相关而受到诅咒，反而会因为这里的建筑、雕塑和知识而备受推崇。诸如莱昂·巴蒂斯塔·阿尔贝蒂（Leon Battista Alberti）、安东尼奥·菲拉雷特（Antonio Filarete）、弗朗切斯科·迪·乔焦（Francesco di Giorgio）和米开朗琪罗之类的建筑师后来都效仿菲利波，到罗马的废墟中寻找灵感。无论是在罗马还是在其他地方，发掘异教徒遗迹都不再被视为厄运（人们还在罗马发掘了西塞罗的故居）。例如，1413 年，人们在帕多瓦掘出了罗马历史学家李维的尸骨，由此引发了一场几乎充满宗教意味的狂热。尸骨被供奉在帕多瓦的市政厅，之后不久，市政府的主要官员们就收到了那不勒斯君主阿方索（Alfonso）索要一根股骨的迫切请求。另外一个更惊人的发现是从阿皮亚古道上的一个坟墓中掘出的一具保存完好的年轻罗马女孩儿的遗骸，这具遗骸还在 1485 年时被展示给了罗马公众。

其他形式的宝藏也纷纷被人们发掘出来。已经在坟墓中埋葬了几个世纪的手稿得以重见天日。塔西佗（Tacitus）的《编年史》（Annals），西塞罗的《演说家》（Orator）和《论演说家》（De oratore），提布鲁斯（Tibullus）、普罗佩提乌斯（Propertius）和卡图卢斯（Catullus）的诗集（卡图卢斯的唯一一本手稿被发现时竟被用来当酒桶的塞子了），还有佩特罗尼乌斯（Petronius）的《讽刺诗》（Satyricon），卢克莱修（Lucretius）的诗集，昆体良（Quintilian）的完整版《雄辩术原理》（Institutio oratoria）——所有这些已经消失了几个世纪的古罗马时期的文化碎片都是在 15 世纪的第一个十年中被发现的。就如菲利波研究的那些残垣断壁一样，这些手稿也会在古罗马人和 15 世纪的艺术家、哲学家和建筑师之间建立一种联系。在这些破碎的石料和褪色的羊皮纸的帮助下，整个世界都会焕然一新。

第四章　一个胡言乱语的傻子

　　菲利波是在 1416 年或 1417 年返回佛罗伦萨并永久定居在那的。他搬回了自己儿时居住的位于大教堂附近的房子，那里是最适合让一个醉心于解开穹顶这一建筑谜题的人实时观察工程进展的地方，而且他会发现大教堂已经建成了很大一部分。穹顶的鼓座在 1410~1413 年已经建好，鼓座墙壁的厚度达到了 14 英尺，为的是能够支撑穹顶的重量。1413 年，人们新造了一个巨大的吊车，用来把建筑材料提升到高处。八角形三个面上的三个祭坛中有两个已经建好了自己的拱顶。另外，教堂还被正式命名为圣母百花大教堂，之前这里一直被称作圣雷帕拉塔教堂，也就是之前的大教堂的名字，此时那座建筑已经被彻底拆除了。

　　人到中年的菲利波身材矮小，秃顶，有一个鹰钩鼻和两片薄嘴唇，下巴瘦削，总体上给人感觉很好斗，再加上他总是衣着不整，就更难让人产生好感。然而在佛罗伦萨，样貌丑陋几乎成了天才的标志，菲利波不过是一长串样貌丑陋、不修边幅但声名显赫的艺术家名单上最新的一位而已。画家契马布埃（Cimabue）的名字就是"公牛头"的意思；乔托的外表让人实在难以恭维，以至于薄伽丘在他的《十日谈》（*Decameron*）中还以乔托的样貌为题讲了个故事，表达了对于"自然总是将惊人的天赋赐给外表奇丑无比的人"这件事的惊讶之情；

后来的米开朗琪罗同样丑得出奇，部分原因是他在与雕塑家彼 33
得罗·托里贾尼（Pietro Torrigiani）的争斗中被打断了鼻梁
骨，而且和乔托及菲利波一样，米开朗琪罗也不在乎自己的衣
物是否整洁，有时候会穿着同一条狗皮马裤一连几个月都不
换。结果就是，丑陋和古怪仿佛成了艺术家的常态。菲利波的
传记作者、画家兼建筑师乔焦·瓦萨里（Giorgio Vasari）也是
一个粗野笨拙的人，他不但患有皮肤病，还总是留着又脏又长
的指甲。当他看到拉斐尔不但天赋惊人，而且外表英俊、身姿
挺拔时，瓦萨里不禁感到无比震惊。

　　菲利波还没有结婚也许并不会令人感到意外。虽然在佛罗
伦萨，四十多岁的单身男人并不罕见，因为那里的男人结婚都
比较晚，而且通常会娶比自己年轻得多的女子为妻，但菲利波
单身的原因是他决定终身不娶。这种缺乏家庭生活也让他成了
长久且光辉的艺术家传统的传承人之一，这样的人还包括多纳
泰罗、马萨乔（Masaccio）、莱昂纳多·达·芬奇和米开朗琪
罗。佛罗伦萨很多艺术家和思想家对于婚姻和女性都持有一种
悲观怀疑的态度。薄伽丘也没结过婚，而且他还指责但丁不该
结婚，说妻子只会给学术研究拖后腿。

　　返回佛罗伦萨常住之后，菲利波很快就开始参与到穹顶的
建造工程中了。1417 年 5 月，大教堂工程委员会支付了他 10
个弗洛林币，请他在羊皮纸上画出穹顶的建造方案。关于这些
方案内容的记录没有留存下来，但是马内蒂称当菲利波从罗马
回来之后，很多监管者争先恐后地前来征求他的建议。尽管菲
利波作为罗马建拱技术研究者的声望与日俱增，但是当一个如
此重要的工程已经进行到这样的阶段之后，他却还能迂回巧妙
地逐渐成为项目的核心人物这件事大概真是会令人感到惊讶。

尽管菲利波年轻时是一位有前途的金匠，但如今 41 岁的他相对来说并没有做出什么切实的成就。1412 年，他在临近的普拉托镇（Prato）给那里的大教堂建筑工程提供了建议，不过诸如用一种被称为蛇纹石的深绿色材料做教堂正面的贴面这样的建议，顶多只能算解决了装饰性而非结构性的问题。到此时为止，菲利波除了为自己的亲戚阿波洛尼奥·拉皮（Apollonio Lapi）在老市场（Mercato Vecchio）附近修建了一栋房子外，还没有接到过一次建筑方面的委托。

到 1418 年为止，菲利波最出名的地方可能要数他进行的那项线性透视实验。这项实验肯定是在 1413 年或更早的时间进行的，因为当年有一位名叫多梅尼科·达·普拉托（Domenico da Prato）的人称菲利波为"透视方面的专家，有天赋的人，技艺精湛、声名远播"。透视法也是菲利波最早的一些创新之一，这项技法在美术史上具有里程碑式的意义。

透视法是一种在二维平面上表现出三维物体的进深的方法，目的是让描绘出的景象的相对位置、大小或距离与人们在某一点观察时看到的实际相同。人们普遍将菲利波视为透视法的发明者，认为是他发现（或重新发现）了其中的数学法则。比如，他研究出了消失点原理，尽管希腊人和罗马人曾经了解这个原理，但是就如他们拥有的其他许多知识一样，这个原理也已经失传很久了。希腊人的花瓶上的图案和大理石浮雕中的内容都显示了他们对于透视法的理解。包括埃斯库罗斯（Aeschylus）的作品在内的一些曾在雅典上演的希腊悲剧的舞台布景也体现了这种技法。罗马科学家老普林尼（Pliny the Elder）称这种表现手法为"倾斜的图像"（*imagines obliquae*），还说它是在公元前 6 世纪时由一位名叫克莱奥奈的基蒙

（Kimon of Kleonai）的画家发明的。罗马人的壁画中也使用了透视法，建筑师维特鲁维奥（Vitruvius）还描述过某些原理。此外，说设计万神殿或古罗马竞技场这样的建筑的设计师们没有画过几张应用了透视法的图纸似乎也太不可思议了。

然而，在罗马帝国衰落之后，绘制透视图的技法渐渐失传或是被抛弃了。柏拉图曾经斥责透视法是一种骗人的把戏，新柏拉图派哲学家普罗提诺（Plotinus，公元205～270年）称赞古代埃及人的扁平画作能够展现景物的"真实"比例。这种认为透视法"不诚实"的偏见也被基督教艺术所采纳，结果是整个中世纪的艺术家都放弃了空间的自然主义表现手法。直到14世纪的最初十年，当乔托开始使用明暗对比法处理光和影，从而创造出三维现实效果时，古代的透视法才重新出现在人们的视线中。

菲利波在意大利各处游历时可能也见到过古代的利用了透视法的图画，不过他很可能是从另一种完全不同的研究对象上总结出透视法则的。在创作他自己的绘画作品的过程中，比如在平面上安排瞄准线的时候，菲利波可能就利用了自己从测量罗马遗迹时采用的测绘技巧中学到的东西。[1]归根结底，透视法与测绘是很相似的，其目的都是确定三维物体的相对位置，好将它们绘制到纸面或画布上。测量和测绘的技术在菲利波的时代已经非常成熟，将这方面的原理和技艺应用到绘画上则是菲利波做出的飞跃式的突破。

菲利波的实验就是一种神奇的光学把戏，这种错视画能够让人分不清现实和画面，它其实就是很久之后才出现的暗箱、全景图、西洋镜和镜像艺术等通过光学器具进行的实验的先驱。这幅艺术史上最著名的画作之一如今已经无处可寻，已知的最后一位持有该画作的人是伟大的洛伦佐。1494 年法国国王查理八世占领佛罗伦萨时，很多佛罗伦萨艺术品都被抢走了。不过，宣称曾经亲眼见过这幅画并亲自进行了这个试验的安东尼奥·马内蒂对这幅画进行了清晰的描述。

菲利波创作这幅透视画时选定的主题是佛罗伦萨人最熟悉的景物——圣乔瓦尼洗礼堂。画家自己站在圣母百花大教堂里挨近中门的地方，距离洗礼堂大约 115 英尺远。他采取了完美的透视法，遵循几何原理构建像平面，在一张不大的画板上画下了所有能从大教堂门框形成的"画框"中看到的景物，包括洗礼堂和周围的街道，在慈悲之家（Casa della Misericordia）制作圣饼的人，还有绵羊市场的一角。菲利波在画面中该画天空的地方嵌了一块被打磨得很光亮的银片，它能够像镜面一样反射出天上的云朵、飞鸟，以及不断变化的阳光。最后，他在画中的消失点上钻了一个扁豆籽大小的孔，这个点就是原本平行的线条延伸向远方时看似在地平线上交会到一起的那个中心点。

36　　　完成后的画板就可以被拿来进行实验了。实验的地点是圣母百花大教堂门廊内 6 英尺的地方，也就是菲利波绘制该图画时所在的那个确切位置。观察者站在此处，一只手将画板背朝自己举到面前，另一只手把一面镜子举到画板对面一臂距离的地方，然后从画板中间的孔里窥视镜中的图像。镜面中显示的图像就是图画中的洗礼堂和圣乔瓦尼广场（左右颠倒的）画面。因为镜子中的景象太逼真了，以至于观察者都无法分辨自己从小孔中看到的是画板之外真实存在于那里的"现实场景"，还是现实场景的完美幻象。

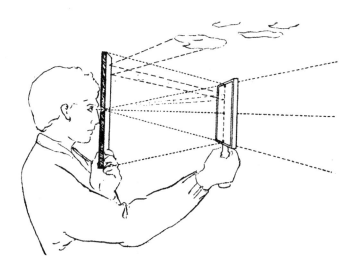

**布鲁内莱斯基使用的能让洗礼堂产生透视效果的
光学工具的说明图**

图中左侧的是透视画，右侧的是镜子。

1418 年 8 月，建造穹顶模型的竞赛刚被宣布，菲利波肯
定立即就抓住了这个机会。年事已高、身体虚弱的总工程师乔
瓦尼·丹布罗焦（Giovanni d'Ambrogio）原本已经退休，但是
由于他的继任者安东尼奥·迪·班科（Antonio di Banco）不
幸早逝，丹布罗焦在 1415 年时又被请回来继续工作了。1418
年 6 月时，他制作了一个修建穹顶时可使用的鹰架模型。不过
这个模型肯定是不怎么令人满意，大教堂工程委员会之所以在
仅仅两个月之后就宣布举办竞赛，显然是认为广泛征集他人意
见才是合理的选择。事关 200 弗洛林币的奖金，菲利波和另外
11 名竞争者都满怀希望地提交了自己的模型。1367 年的模型
当然还是被当作圣物一般地供奉在那里，但眼下的问题是如何
将它转化为现实。

1366～1367 年时的争论焦点就是如果依照这个模型建造实物，人们要如何建造能满足建筑需要的隐形支撑，也就是那些环行链条？到了 1418 年，这个问题仍然是最让人焦虑的。要完成这个项目，还有另一个非常关键的问题是内里和他的团队没有充分考虑到的，那就是在砂浆硬化之前用来支撑石料的木制框架，也称"拱架"要怎么建造。除了在缺乏坚硬木材的近东地区，所有砖石砌成的拱曾经都是（现在也是）要在拱架上建造的。拱架可以是放在鹰架顶部的，也可以是放在地面上的。大多数拱跨度较小，所以建造过程也相对简单。人们可以把拱架制成自己想要的形状，然后用它来支撑组成拱的石料。这种木制构造既要有足够的强度，好能承受住砌体的重量，同时又要有足够的硬度，不能被持续增加的石料压弯。但是它也不能太坚不可摧，因为最终这些临时框架都是要被拆除的。

如果要建造的穹顶是完美的球形，那么不使用拱架就完成施工也是有可能的，因为每一层环行的砌体都能形成一种自我支撑的水平拱。菲利波的一个朋友，莱昂·巴蒂斯塔·阿尔贝蒂就在自己的建筑学论文里解释了这个问题："球形拱是拱中的一个特例，它不需要拱架支撑，因为它不仅包含了一道道拱，还是由一圈圈重叠的圆环组成的。"换句话说，每一个石块或砖块不仅是水平方向的拱的一部分，也是垂直方向的拱的一部分，因此它们能够在周围石块或砖块的压力下保持自己的位置。不过 1367 年的那个模型展示的佛罗伦萨的穹顶却不是圆形，而是八角形的，顶部还带一个尖，这就意味着水平方向上的每层砌体都不是像球形穹顶的水平层那样连续不断的，而是会出现八个断点。

鉴于此，为圣母百花大教堂的穹顶建造拱架似乎就成了一项非常关键的工作。然而如何设计拱架让监管者们感到困难重

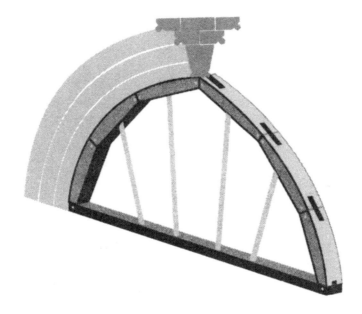

由木制拱架支撑着的拱

重，这些困难既有技术上的，也有财务上的。首要的问题就是
拱架的尺寸，考虑到穹顶本身的尺寸，与之相配的拱架之大自
然也是前所未有的。为了获得木材，人们不得不砍倒很多树。
就在宣布展开竞赛的同时，已经有 32 棵大树被送到工程委员
会手中。这些木材被切割成了总长 900 英尺的木板和 135 根剥
光了的木梁，用来制作建造大教堂南侧祭坛需要的鹰架、拱架
和卸料平台，那里此时已经可以建造拱顶了。不过，穹顶要比
祭坛的拱顶大得多，所以需要的木材也多得多，有人估计这个
数目是祭坛所需数量的 20 倍，也就是大约 700 棵树。[2]大教堂
工程委员会拥有亚平宁山脉上的几片树林，但是木材依然供应
紧张，因为它是仅次于大理石的最昂贵也最难以运输的建材。
再加上那个时候还没有液压锯，所以砍树是一项非常耗费劳力

的工作。总工程师安东尼奥·迪·班科就是在寻找用于建造穹顶拱架的木材的途中去世的，这可能也是一种预兆吧。

即使能够找到高质量的树木，即使有办法承担锯倒树木和搭建巨大结构的成本，监管者们也还是要面对其他各种问题。从完工的拱顶下拆除木制框架可以算是整个建造过程中最危险的工作之一。中世纪时最常见的拆除方式是把托着拱架的鹰架的支撑杆插在装满沙子的桶里，到需要拆除拱架时，就拔出桶上的塞子，放空里面的沙子，从而慢慢降低整个木制框架的高度。这种方法看似简单，但是如何选择时机是一个最主要的问题。中世纪时的砂浆可能需要 12 ~ 18 个月的时间硬化，直到结晶时需要的水分彻底蒸发干净为止。以南侧祭坛拱顶的拱架为例，它是 1420 年 6 月建造，1421 年 7 月拆除的，总共支撑了 13 个月。拱架上的木材本可以重复利用到别处，比如用来搭建建造穹顶时使用的卸料平台，结果它们却只能被固定在原地无法移动。如果拱架拆除得太早，砂浆还没有完全凝固，其强度肯定就会不足；如果拱架支撑的时间太长，拱架的木材就会变形，工程师们称之为"蠕变"——支撑时间太长的木材会在拱顶重量的压力下变弯，从而导致被支撑的砌体也跟着移位。古埃及人就意识到了这种现象的存在，所以他们到了夜晚会拆下战车的轮子，或是将战车立起来靠在墙上［如忒勒玛科斯（Telemachus）在《奥德赛》第四卷中做的那样］，为的就是避免车轮因静止不动的战车的重量而变形。

最后一个难题是，为这么大的穹顶制作的拱架肯定要占很大地方，即便是在大教堂核心的八角形大殿这么广阔的空间里也会很碍事。这样一个体型巨大，从地面一直升高到"眼睛"（穹顶顶部留的圆洞）的构造会让八角形大殿内拥挤不堪，其至会让泥瓦匠们连下脚的地方都没有了。

当时已经有了一个如何建造穹顶拱架的计划，这个计划正是在设计穹顶的竞赛中输给内里·迪·菲奥拉万蒂的总工程师乔瓦尼·迪·拉波·吉尼留下的。他的拱架模型建造于1371年，后来一直被放置在内里的1367年模型内部。不过，这个拱架模型显然和乔瓦尼·丹布罗焦的模型一样不尽如人意，无法满足工程的需要。

到8月底，也就是竞赛才宣布仅仅两周之后，菲利波就开始建造砖砌的穹顶模型了。工程委员会的监管者们指派了四位泥瓦匠前来协助建造，不过这些泥瓦匠肯定被自己看到的一切吓得不轻，他们可能是怀疑菲利波用了他在洗礼堂错视画中用过的把戏，通过操纵人们的感官，创造了一个违反理性法则的神奇假象。就如对待他的画板一样，菲利波再次展示了一丝不苟的匠人精神。他雇用了两位佛罗伦萨最有天赋的雕塑家来负责模型的木工活，一位是他的朋友多纳泰罗，另一位是去世的总工程师的儿子南尼·迪·班科（Nanni di Banco），后者参与大教堂的建造工作已经超过十年了。工程委员会指派的四个泥瓦匠总共花了90天的时间来建造这个模型。

菲利波就是在委员会的一个院子里施工的，他建造的模型足有一栋小型建筑那么大了，建造工程使用了49车生石灰和5000多块砖。拱顶的跨度超过了6英尺，建筑整体的高度达到12英尺，监管者们和各位顾问完全可以走进模型仔细查看。如其他很多建筑模型一样，菲利波的作品一定也堪称一件精美的艺术品，因为那上面的雕塑都是由多纳泰罗和南尼·迪·班科亲手刻的，然后由艺术家斯特凡诺·德尔·内罗（Stefano del Nero）负责镀金和上色。这些栩栩如生的作品分别装饰着

40

教堂的正面和侧门。

虽然竞赛原定于 9 月 30 日结束，但实际上的结束时间拖后了两个月，可能是为了让菲利波有更多的时间完成他复杂的模型，或是为了让那些身在比萨和锡耶纳的参赛者有时间带着自己的作品抵达佛罗伦萨。直到 1418 年 12 月，由 13 名监管者、羊毛业行会的几位执事，还有各种各样的顾问组成的大委员会聚集到大教堂的中殿里评估各个设计方案。先享用了面包和葡萄酒之后，评委们就开始讨论这些模型。菲利波的砖砌模型在 12 月 7 日就引起了大量的关注，两周之后，人们又针对其优缺点进行了一场长达四天的辩论。

大教堂工程委员会的文件只简单记录了这些史实。不过菲利波的两名传记作者，马内蒂和瓦萨里讲述的故事就生动多了。虽然 1418 年 8 月的时候委员会宣称所有模型都会被提交给"友善且值得信赖的评判者"（*bene et gratiose audietur*），但是菲利波的方案受到了监管者和他们选定的专家们充满怀疑，甚至是带着敌意的审视。

评委会有这样的反应并不让人难以理解。菲利波采取了一种革命性的方法来解决拱架的问题，这种方法与他的竞争者们的完全不同。其他人都理所应当地认为必须建造复杂的框架来支撑穹顶，问题只在于如何寻找设计性和经济性的完美结合。有一个参赛者提议堆一个高 300 英尺的土坡来支撑穹顶。实际上，这个方案并不如现在听起来这么可笑，因为有些罗马式穹顶就是在被填满泥土的房间上建造的。实际上，最晚到 1496 年还有人堆了一个高 98 英尺的土坡来支撑在特鲁瓦建造的大教堂的拱顶。不过这个方案还是受到了大委员会的嘲笑。有一位监管者带着辛辣的讽刺口吻说，堆土坡的时候应该在土里埋上些钱币，这样等要拆掉这个无比巨大的支撑时，佛罗伦萨的百姓们都会迫切地前来帮忙。

相反，菲利波提供的方法简单而大胆，他建议完全不用拱架。这个想法太惊人了。哪怕是最小的拱顶也是要用木制拱架来建造的，更何况拱形顶端的砖块还要向内倾斜到与水平面呈60°角的程度，所以1367年模型规划的直径如此之大的穹顶怎么可能在没有任何支撑的情况下建好呢？就因为这个计划太让人震惊了，以至于与菲利波同时期的很多人都认为他是个疯子，甚至有一些生活在距今近得多的时代的评论者也很难相信这样的天方夜谭竟然真的变成了现实。[3]

菲利波在大委员会面前讲解自己的革命性设计的过程也没能给他加分。他和以往一样焦虑，总是担心有人会窃取他绝妙的解决方案，所以他固执地不肯向监管者们吐露自己计划的技术细节。监管者们自然也不欣赏这种遮遮掩掩。他们要求菲利波做出解释，而菲利波拒绝了。根据瓦萨里的说法，双方的对立越来越激烈，以至于菲利波先是被嘲笑为"胡言乱语的傻子"，后来又在一场进行得更不顺利的评审会上直接被驱逐出场。很多年后菲利波向安东尼奥·马内蒂坦言说自己当时都没脸上街，生怕有人会嘲笑他是"那个满嘴胡话的疯子"。在当时看来，他天才的计划似乎是不可能获得青睐了。

菲利波自然会为受到这样的对待而愤愤不平，他的经历证明了他瞧不起这些在十年之后被他称为"无知群众"的人是完全有理由的。不过如瓦萨里注意到的那样，在佛罗伦萨，人们的观点总是随时变化的，究竟是什么让监管者们突然开始看好菲利波的方案已经无人知晓。瓦萨里回答这个问题的方式是讲了一个很有意思，但很可能是不值得相信的故事，就好比阿

42

基米德在浴缸里发现浮力定律，或牛顿因为苹果从树上坠下而发现万有引力都只是传说一样。在这个故事中，菲利波建议监管者们根据谁能够把鸡蛋立在平滑的大理石表面来决定竞赛的胜者。当所有参赛者都失败之后，菲利波把鸡蛋的一头磕破，很轻松地把鸡蛋立在了平面上。当他的对手们抗议说自己也能做到这点时，菲利波反唇相讥：如果你们知道了我的计划，你们还可以说自己也能建造穹顶呢。瓦萨里说建造穹顶的工作就这样被迅速委派给了菲利波。

大教堂工程委员会中那些严肃、古板的羊毛业行会大亨们会靠这样的把戏来决定把工程交到谁手中似乎太不可能了。虽然这个故事听上去令人难以相信，但是人们有必要注意到，看起来不起眼的鸡蛋在很长时间里一直让科学家和工程师们着迷。阿芙洛希亚的亚历山大（Alexander of Aphrodisia）和老普林尼都曾为这种看起来脆弱的结构所拥有的纵向的抗压力感到惊奇，后者宣称它是"人力无法打破的"。伽利略也思考过这个问题，他曾经向自己的儿子提出过疑问："当你握着鸡蛋的顶端和底部时，为什么你用尽力气也无法将它捏碎？"他的学生温琴佐·维维亚（Vincenzo Viviani）也研究了这个问题，他甚至推测鸡蛋，或者说扣着放的半个蛋壳就是带圆顶的建筑的灵感来源。

抛开鸡蛋的趣闻不谈，工程委员会的讨论结果其实不如瓦萨里暗示的这样明确而坚决，不过到了1418年12月，大多数模型都已经被排除在了考虑范围之外。委员会的评委们将他们的注意力集中到了两个仅剩的方案上，二者之一将被选为穹顶的建筑方案。至此，历史又开始重演了。第一个候选方案当然就是菲利波的，而另一个同样是在工程委员会的院子里用砖块建成的模型，则是由菲利波的老对手——洛伦佐·吉贝尔蒂设计的。

第五章　冤家路窄

过去的 16 年对于菲利波的这位金匠同行来说是一段不错的时光。此时 40 岁的洛伦佐·吉贝尔蒂已经成了整个意大利最著名的艺术家之一。他虽像菲利波一样秃顶，但是看起来愉快慈祥得多。他有一张圆圆的脸，一个又大又厚的鼻子。遵照佛罗伦萨的传统，洛伦佐 37 岁才结婚，新娘名叫马尔西利亚（Marsilia），当时才 16 岁，是一位梳毛工的女儿。婚后她很快就给丈夫生了两个儿子。洛伦佐把大部分时间都花在了圣玛丽亚诺瓦医院（Santa Maria Novella）对面的金匠铺里，在过了近 20 年之后，他还在忙着制作洗礼堂的铜门。他的铺子里有一个专门定做的巨型熔炉，到此时为止，他已经为这个项目熔掉了 6000 磅的青铜。

洛伦佐如今算得上一位成功人士了，他在佛罗伦萨有一栋房子，在乡下还有一片葡萄园。如他的继父巴尔托卢奇奥在1401 年预言的那样，洛伦佐再也不用靠制作耳坠来谋生了。自从赢下了洗礼堂铜门的竞赛之后，洛伦佐一直不缺生意：他制作过大理石或青铜的墓碑、枝状大烛台、神龛、锡耶纳大教堂洗礼池的浮雕，还为布料商人行会铸造了一座施洗者圣约翰的青铜雕塑。这座 1414 年完成的雕塑被供奉在奥尔圣米凯莱教堂（Orsanmichele）的壁龛里，接近 9 英尺高，是佛罗伦萨至此为止最大的青铜雕塑，足以证明洛伦佐的雄心之大和技艺之高。

44　　　尽管洛伦佐完成了这么多杰作，但他并没有多少建筑师的经验。实际上，为穹顶制作模型是他第一次涉足这一领域。与菲利波的模型相反，洛伦佐提交的模型既不大也不复杂。相较于菲利波的泥瓦匠们耗时 90 天才建好模型，洛伦佐的四名泥瓦匠每人仅出四天工就完成了任务。洛伦佐的模型是用小砖块（*mattoni picholini*）建造的，据估计应该是包含某种拱架的，因为他还雇用了一位木匠来建造模型。[1]这一点可能就是监管者们不得不从中做出取舍的两个备选模型的根本区别。

　　　　1418 年 12 月发生了很多事情，而接下来的一年多则相对平静。委员会一直没有做出最终的决定。圣诞节来临时，监管者们给自己订购了鹅。在新年当天，他们一如既往地宣誓要遵循内里·迪·菲奥拉万蒂的模型来建造穹顶。然而接下来几个月里，他们始终在犹豫拖延。穹顶的项目就这么被搁置，无论是菲利波还是洛伦佐都没能得到那 200 弗洛林币的奖金。

　　　　造成拖延的第一个原因是北侧祭坛的拱顶上出现了一道裂缝。这个拱顶是十多年前建造完成的，这个裂缝的出现绝不是可以开始建造一个体积更大、结构更不确定的穹顶的吉兆。第二个原因是乔瓦尼·丹布罗焦不再担任总工程师一职，他已经衰老得无法爬上拱顶去检查泥瓦匠们的工作了。第三个原因是大委员会成立一个月之后，发生了比建造穹顶更重要的大事：1419 年 1 月，教皇马丁五世（Martin V）带着他的随从驾临佛罗伦萨。

　　　　马丁五世是在几年前的康斯坦茨会议（Council of Constance）上被选举出来的，这次会议结束了一段长达 39 年的大分裂，其间罗马天主教教会被阿维尼翁（Avignon）的教皇和罗马的教皇分割成了两半。会议决定罢黜约翰二十三世（John XXIII），据说这个曾经做过海盗，还是一个彻头彻尾的浪荡子的教皇引诱过数百名妇女。接替约翰二十三世的就是马丁五世。新教皇在佛罗伦萨待了 20 个月，直到罗马强化了防御设施、修缮了一些教堂之后才返回那里。在此期间，佛罗伦萨必须尽全力接待好教皇。因此，大教堂工程委员会把在大教堂工作的泥瓦匠和木匠都调到了圣玛丽亚诺韦拉修道院（Santa Maria Novella）。工人们在那里匆忙地修建了一些豪华的房间，其中一个楼梯就是由洛伦佐建造的，这项委托也是洛伦佐通过参加委员会举办的竞赛，战胜了另外两个对手才获得的。在洛伦佐心中，这一定成了委员会将委任他建造另一项更大规模的工程的预兆。

　　菲利波也充分地利用了这段时间，他继续完善自己的模型，在穹顶顶部增加了一个塔亭，还沿着鼓座增加了一圈环形走廊。不过此时的菲利波与洛伦佐一样，也投身到了其他工程项目中。1419 年对于他来说是一个"奇迹年"（*annus mirabilis*）。在穹顶竞赛结束后的六个月里，菲利波接到了四个各自独立的工程委托，这些项目全是在佛罗伦萨进行的。考虑到他此前没有接受过任何工程委托的事实，这样的情况可以算是相当不同寻常了。这还说明他建造穹顶的计划虽然遭到某些人的嘲弄，但也为他赢得了其他许多人的尊重。

　　前两项工程是在阿诺河南岸的圣雅各布教堂（San Jacopo sopr'Arno）里建造里多尔菲堂（Ridolfi Chapel），以及在圣费利奇塔教堂（Santa Felìcita）里建造巴尔巴多里堂（Barbadori Chapel）。接下来，富有的银行家乔瓦尼·德·美第奇（Don

45

Giovanni de'Medici）雇用他在圣罗伦佐教堂里建造一个圣器收藏室，因为银行家希望自己去世后能够被安葬在菲利波修建的墓室中。最后一个项目是育婴堂（Ospedale degli Innocenti），这个意大利语名字的字面意思是"无辜之人的医院"，那里其实就是由丝绸商人筹资为弃婴建立的收容所，丝绸商人行会是负责保障佛罗伦萨的弃婴和孤儿福利的行会。菲利波就是在1419 年领养了 7 岁的孤儿安德烈亚·卡瓦尔坎蒂（Andrea Cavalcanti）。安德烈亚后来成了菲利波的学徒，因为他来自托斯卡纳地区一个名叫布贾诺（Il Buggiano）的村庄，所以后来人们常常以这个名字称呼他。菲利波和布贾诺之间大体融洽，除了偶尔闹些别扭。

1419 年菲利波获得的四项工程中有三项都包含了建造穹顶的内容，这显然不是什么巧合。其中里多尔菲堂和巴尔巴多里堂的意义尤为重大，因为这两个小礼拜堂都是受羊毛业行会的成员，也就是那些与圣母百花大教堂穹顶项目关系密切的人委托而修建的。[2]这两个小礼拜堂对于菲利波来说无异于某种测试，能够作为对于不使用拱架建造拱顶的新颖计划的实验。遗憾的是，这两个礼拜堂的穹顶都没能留存至今。圣雅各布教堂内部在 1709 年进行过重建；巴尔巴多里堂的穹顶在 1589 年被瓦萨里拆除（这个事实不无讽刺意义，因为瓦萨里正是菲利波的狂热支持者），为的是建造连接皮蒂宫和乌菲齐宫的长廊。因此，现在已经不可能知道菲利波是否在这些穹顶上使用了他后来应用到圣母百花大教堂穹顶上的那些技巧。不过我们确切知道的是这两个穹顶都是在没有使用拱架的情况下建起来的，更好笑的是，里多尔菲堂穹顶的体积甚至还没有菲利波为大教堂制作的砖砌模型大。

接近 1419 年年底时，羊毛业行会的执事采取了切实推动解决穹顶问题的措施。他们指定四人组成一个专门委员会（Uffitiales Cupule）。这四位委员行动迅速，他们在 1420 年 4 月 16 日召集 13 名监管者和 24 名羊毛业行会执事到位于大教堂以南几条街的行会总部德拉拉纳宫（Palazzo dell'Arte della Lana）开会。他们的目标是任命一名新的总工程师来取代乔瓦尼·丹布罗焦。最终获得任命的人是 38 岁的泥瓦匠师傅巴蒂斯塔·丹东尼奥（Battista d'Antonio）。巴蒂斯塔一直是乔瓦尼手下的副总工程师（vice-capomaestro），他从 1398 年起就在大教堂的工地上干活，最初只是一名石匠学徒，后来晋升为泥瓦匠师傅。此外，会议还任命了八名泥瓦匠师傅在巴蒂斯塔的手下工作，每人负责八角形穹顶的一面。

在接下来的 30 年里，巴蒂斯塔·丹东尼奥的印记会出现在圣母百花大教堂的方方面面，然而他的角色一直被人们忽视，以至于他得到了一个"大教堂怪人"的绰号。[3]虽然他的头衔也是总工程师，但与包括乔托和安德烈亚·皮萨诺在内的众多前任比起来，巴蒂斯塔更像一个工头或监督人，而非建筑师或设计师。乔托和安德烈亚本身就是艺术家，他们一个是画家，一个是金匠。相较之下，巴蒂斯塔只是一名泥瓦匠，而且如很多泥瓦匠一样墨守成规，习惯于模仿前人的老样子而非创造新东西。他会成为工地现场的监工，他的任务是通过协调八位泥瓦匠师傅、他们的团队以及在地面上那些没有什么技能的壮工之间的工作，将大教堂工程委员会确定的模型和工程方案转化为砖石和砂浆的实体。中世纪的所有建筑项目中都存在这样一个个人，他们的工作对于建筑项目的成功至关重要。巴蒂斯塔的任务是向工人们解释建筑师的计划，因为后者也许并不能理解那些复杂的建筑蓝图。①

　　巴蒂斯塔·丹东尼奥虽然有很多实际工作经验，但是他缺乏建筑设计的理论学习和正规训练，所以再指定其他人担任真正意义上的总建筑师是完全必要的，因为后者不能仅仅是一个管理工人的领导。鉴于此，在巴蒂斯塔获得任命的当天，专门委员会的四位委员、各位监管者及羊毛业行会的执事们又指定了两名总工程师。菲利波感受到的终于可以指导自己长久以来梦寐以求的项目的喜悦之情肯定被洛伦佐·吉贝尔蒂和他一起获得任命的事实冲淡了。从此以后，这两位老对手不得不密切合作，共同完成这个项目，同时分享区区 6 弗洛林币的月薪。

　　考虑到 20 年前菲利波对于洗礼堂铜门的竞赛结果做出的反应，这个决定显然是有些冒险的。不过菲利波在这个项目上投入了太多的时间和精力，他不能为了意气之争而拒绝这个工作。于是菲利波接受了任命，并小心翼翼地等待时机，因为他心里清楚，知道如何建造穹顶的人是他菲利波，而不是那个没有任何建筑方面经验的洛伦佐。

　　第四位被任命的建筑师是 60 岁的人文主义哲学家乔瓦尼·达·普拉托（Giovanni da Prato），他的身份是洛伦佐·吉贝尔蒂的副手。乔瓦尼博学多才，是佛罗伦萨大学里关于但丁问题的讲师。他加入这个项目之后不久就对菲利波产生了强烈的厌恶感，这种厌恶的根源在于他与菲利波持有的完全不同的

---

①　共济会（the freemasons）是一个与建筑没有任何关系的秘密组织，但是几个世纪之后，共济会会员会从泥瓦匠之间的这种沟通方式中发展出他们自己的仪式和惯例。他们用来识别身份的很多秘密手势都是借鉴了在耶路撒冷建造所罗门圣殿的泥瓦匠师傅——推罗王希兰（Hiram of Tyre）与他的大批工人进行交流的词语、手势和手法。——作者注

对穹顶的设想。乔瓦尼·达·普拉托从 1420 年就开始鼓吹改 48
变穹顶设计方案的提议，因为他认为原方案里的窗子不够，所
以建成的教堂会"阴沉晦暗"（oscura e tenebrosa）。不过他提
议的在穹顶底部开 24 扇窗的计划（一个从结构角度上说非常
不可靠的提议）并没有获得大教堂工程委员会的积极响应，
尽管他因提出建议而获得了 3 弗洛林币的辛苦费，但是建议的
内容被完全忽略了。随着时间的推移，这次遭受拒绝的经历会
在乔瓦尼心中持续发酵，累积成越来越强烈的怨念，以至于他
后来又向菲利波发起了几次格外尖酸刻薄的攻击。

　　这些任命确定三个月之后，各位监管者和穹顶的四位委员
又做出了一个更加重大的决定：他们聚集到一起批准了一份书
面文件，其中列明了根据菲利波的 1418 年模型建造穹顶的详
细建筑规格，与会人员均认可该计划是给大教堂建拱的最好办
法。这份文件是一份包含 12 项内容的备忘录，它描述了两层
穹顶的尺寸、拱肋和链条的体系、预计使用的建筑材料等。文
件还提到了不建造拱架的打算，声明两层穹顶都将采用"不
使用由鹰架支撑的拱架"建造的方法，不过文件中并没有写
明这个目标要如何实现。

　　虽然我们不能确定这份备忘录的作者是谁，但认为它出自
菲利波之手应该是合情合理的。[4]然而，菲利波依然没有被认定
为竞赛的获胜者，工程委员会认为向他或其他任何人支付 200
弗洛林币的奖金都是欠妥的。这肯定会令菲利波心生不满，毕
竟他的砖砌模型已经成了穹顶的新标准——模型被放置在主教
堂广场（Piazza del Duomo）上距离钟楼不远的地方。如此时
仍摆放在大教堂之中的内里·迪·菲奥拉万蒂的模型一样，菲
利波的模型也被世人奉为某种意义上的圣物，并在接下来的十

几年里一直占据这个位置。模型周围还竖起了栏杆以避免其遭到破坏。工程委员会不向菲利波支付奖金这件事似乎有些缺乏职业道德，因为最初的竞赛声明中说，其设计被用作穹顶的建造方案的人一定能获得 200 弗洛林币奖金。菲利波似乎接受了工程委员会不支付他奖金的决定，因为不管怎么说，他终于有机会使用自己革命性的技巧建造穹顶了。

第六章 无家无名之人

1420 年 8 月 7 日早上，人们在距离地面 140 英尺高的地方举行了一场小小的庆祝仪式。采石工、泥瓦匠和工地上的其他壮工都爬到了圣母百花大教堂的一圈鼓座之上，站在可以俯瞰整个城市的地方，吃了以面包和甜瓜为内容的早餐，还喝了大教堂工程委员会购买的棠比内洛葡萄酒。在超过 50 年的规划和拖延之后，建造大教堂巨大穹顶的工程终于可以开始了。

在此之前的几个月里，工地上进行了很多准备工作。工程委员会订购的 100 棵冷杉树已经到货，每棵树有 21 英尺长，都是用来制作脚手架和卸料平台的。此外，近 1000 车的最初一批石料也已经被运到了工地上。工人们如果从鼓座的边缘向外看的话，就能看到堆放在主教堂广场上的大量砂岩条石和数以十万计的砖块。

在工地上干活可不是什么轻松惬意或令人羡慕的工作。工人的工资很低，工作时间很长，工作内容充满危险，而且工作机会还会受恶劣天气的影响而时有时无。很多在建筑行业里工作的人都出身贫困家庭，他们都属于"下层民众"（*Popolo Minuto*）。而那些没有什么技能，只能出卖劳力，负责搬运石灰或砖块的人则被称作"无家无名之人"（*uomini senza nome e famiglia*）。算上那些在采石场开采石料的人，总共有大约 300 名工人参加了建造穹顶的工作。[1] 他们从星期一工作到星期六，从日出工作到日落，这在夏季往往意味着每天 14 个小时的工作时长。工人每星期六领一次工资，他们的工头巴蒂斯塔·丹东尼奥会给工人发放一种欠款字据（scritte），工人们拿着字据到工程委员会的办事员那里兑付现金。幸运的话，工人们在星期六下午能够早一两个小时收工，这样他们才有时间到邻近的老市场中的货摊上购买食物，因为如其他所有店铺一样，到了礼拜日，这些地方就都不营业了。安息日和其他宗教节日是禁止工作的，唯一的例外是在此期间给砌体浇水的那些人，他们的任务是使砌体保持潮湿，好让工人能够继续未完成的工作。中世纪时的人们常常会往石墙上涂抹粪肥，为的就是让砌体保持潮湿，同时免受自然因素的破坏。不过这种方式没有被使用到大教堂的建筑上，原因之一可能是卫生问题，向城市中运输粪肥在当时是违法的。

　　宗教节日对于泥瓦匠们来说一定是一个受欢迎的，能够免于工作的理由。妓女和放债者在这种日子里是不许出现在街上的；泥瓦匠们可能会加入街上游行的队列，也可能会像朝圣者们一样到圣迦尔路（Via San Gallo）上的摊贩那里购买赦罪券。对于泥瓦匠来说，最重要的节日是 11 月 8 日的四圣徒节（Quattro Coronati）。四圣徒是泥瓦匠的主保圣人，他们原本是四位基督徒雕塑家，因拒绝为罗马皇帝戴克里先制作异教神明埃斯科拉庇俄斯（Aesculapius）的雕像而惨遭杀害。节日当天，工人们会一起参加弥撒，然后一起吃饭饮酒，不过他们往往会饮酒过量，因为行会的规章上提到有些人在这样庄严的日子里表现得"像自己身处酒馆之中一样"（come se fussino alla taverna）。

　　除去安息日等其他宗教节日，一个全职的劳动者每年大约要在工地工作 270 天，实际上，因为天气的原因，劳动或者真正工作的天数还要少得多，可能都不足 200 天。当天气过于寒冷、过于潮湿或风力大到不适宜到高处工作时，巴蒂斯塔·丹东尼奥就会把写着所有泥瓦匠名字的字条放到一个皮袋里，然后从中抽出五个人到有遮蔽的地方涂抹灰泥或砌砖，其余人则只能两手空空地回家。有时候，工人们还可能遭遇比这时间更长的停工。

　　以上就是当时在每个工作日早上前往大教堂工作的泥瓦匠要面对的各种不确定因素。城市中各个区域里的小教堂每天早上会敲响叫他们起床、召唤他们去工地干活的钟声。工人们都要自带工具前往工地，工程委员会希望他们准备凿子、丁字尺、铁锤、泥刀和木槌。工地上有一个铁匠铺，专门负责帮工人们修理或打磨这些工具。来到大教堂之后，工人们要先把自己的名字刻在一块石膏板上，这就好比工厂里的打卡记考勤。工人的工作时长是用沙漏计算的。菲利波似乎是一位严格的领导者，后来他还为参与圣神教堂（Santo Spirito）工程的工人制定了更加精细的纪律和规章，他在那里使用每半小时会响一次的钟表（*oriuolo di mezz'oro*）来管理工人们每日的工作。15世纪时，时间的概念正在发生转变。在整个中世纪时期，时间对于人们来说是与宗教仪式联系在一起的。"小时"（*hora*）这个词在拉丁文中实际上是"祈祷"的同义词。那时的 1 小时被分为四部分，每部分的时长是 10 分钟，每分钟被分为 40个"片刻"（moment）。然而，到了 1400 年，将 1 小时分为 60分钟、每分钟分为 60 秒的做法已经成了惯例。人们的生活脚步也由此加快了。[2]

　　工人除了要自带工具，还要自带食物。他们把食物装在皮制袋子里，每天中午 11 点，当钟声再次响起之后他们就可以吃午饭（comesto）了。可以确定在 1426 年时，工人们通常是坐在半空中吃午饭的。为了避免工人偷懒，工程委员会规定泥瓦匠在日间不得从穹顶上下来。这就意味着哪怕是在最炎热的夏天，他们也不能享受"甜美的闲散时光"（dolce far niente）——当所有壮工都因为酷热难耐而停止工作去午睡的时候，泥瓦匠们却没有这样的福利。也是在 1426 年，菲利波要求工人们在穹顶的两层墙壁之间建造了一个小餐馆，负责向工人们供应午饭。在穹顶建造现场使用明火虽然危险，不过人们可能会因为泥瓦匠同时也兼任佛罗伦萨的消防员而安心不少。这个职责之所以会落到泥瓦匠的头上，可能是因为他们拥有拆墙的工具。当时唯一切实可行的灭火方式就是推倒墙壁以形成一道防火线。

52　　在闷热难熬的夏日里，工人们靠喝葡萄酒解渴。他们把酒装在便于携带的瓶子里，和工具及午餐一起带在身上。在这样的工作环境下，无论稀释与否，允许工人喝酒似乎都是一个奇怪且不明智的做法。然而葡萄酒其实是比水更健康的饮品，因为水中有细菌，所以就可能传播疾病。再说佛罗伦萨人对于葡萄酒有益健康的特性深信不疑，适当饮酒据说可以改善血液质量，促进消化，稳定情绪，振奋精神和祛风。鉴于工人们都是贴着距离地面几百英尺且向内弯的拱顶工作的，喝酒也许还能给他们注入一点儿勇气。

　　在那个具有历史意义的 8 月里，能坐在一圈鼓座上吃早饭的石匠都是不乏勇气之人。他们下面是刚刚建成的南侧祭坛的拱顶。仅仅三周之前，一个名叫多纳托·迪·瓦伦蒂诺（Donato di Valentino）的石匠就从那里坠落到 100 英尺以下的地面上摔死了。还有一个人也是为了能在夏天开始建造穹顶，所以在建造祭坛时赶工而丧命的。工程委员会为这两个人支付了葬礼的费用，但这就是死者能获得的全部补偿了。任何在工作中受伤的人都将面临前景黯淡的未来，连他的家人也要受连累，因为无论是工程委员会还是泥瓦匠行会都不会向致残的工人或丧命工人的遗属支付任何补偿。泥瓦匠行会成员唯一的社会责任就是出席彼此的葬礼。

　　石匠们心中肯定都有一个令他们感到敬畏，且必将持久存在的疑问，那就是他们谁也不知道按照菲利波的计划是不是真的能够建起这样的结构，尽管前一个月被采纳的 12 项建筑计划中已经规定了某些穹顶设计的细节。比如，内层穹顶的厚度要像万神殿的穹顶那样逐渐减小，从底部的 7 英尺到顶部的 5 英尺；再比如外层穹顶的作用不仅是保护内层穹顶免受自然因素侵袭，还应让建筑本身看起来更加"高大宏伟"（più magnifica e gonfiante），它的厚度是从底部的略超过 2 英尺逐渐减小到"眼睛"所在位置的仅 1 英尺。与此类似，八角形每个角上的伸向天空的纵向拱肋也要逐渐变细。万神殿的恒荷载由于使用了浮石和空瓶子而有所减小，就圣母百花大教堂来说，最初的 46 英尺穹顶要用石料建造，再向上的部分则改为使用砖块或凝灰岩，后者是一种由火山灰形成的重量轻、多孔的石材。建筑计划还粗略地说明了要在穹顶中加入几条用含铅铁制成的夹子固定的砂岩条石组成的圆环，也就是内里·迪·菲奥拉万蒂设想的那种环绕在穹顶圆周上的链条结构。这些构造会被嵌进砌体之内，所以从外面是看不出来的。

　　最让人心生疑窦的是计划中的第 12 项。监管者们同意在建造鼓座以上最初 30 布拉恰（braccia，约合 57 英尺）部分的两层拱顶时不使用由鹰架支撑的拱架。从 30 布拉恰再向上的穹顶要"根据届时被认为合适"的方法来建造,"因为在建筑过程中,只有实际经验能够告诉人们接下去该做什么"。

这个关键的情况显示了监管者们对于菲利波这一令人望而生畏的计划还是有所保留的。这个计划能够被接受代表着菲利波方面是做出了让步的,他通过承诺只在建造穹顶最初 1/5 部分的时候不使用拱架来安抚充满担忧的监管者们。如果他成功了,就证明他可以按照自己的计划建造穹顶的剩余部分。菲利波一定为监管者们总是对他缺乏信任这件事感到沮丧,但是他兴许也会为能够多点儿时间考虑一下自己的计划而感到如释重负。可以想象,在这个最初的阶段,即便是他自己也不可能没有丝毫担忧。不确定如何实施自己大胆的建造计划也许是担心有人剽窃自己的主意之外,另一个让他拒绝向充满怀疑的监管者们吐露不用拱架建造拱顶过程的秘密原因之一。举例来说,

54 起码到 1420 年夏天,菲利波都还在研究环形石链的设计。他实际上是在第二年 6 月才终于想出第一条石链的安装计划的,那时距离预计开始安装石链的期限仅剩一个月。至于第二条石链的计划更是到 1425 年才完成,而且届时又不得不重新制作新的模型。

无论是菲利波的砖砌穹顶模型,还是他之前为两座小礼拜堂建造穹顶的经历对于他迎接接下来的任务都没有什么实质帮助。人们一直都知道建筑模型在静力学方面没有多少指导意义,因为成功的模型结构被扩大一定比例之后往往未必还能行得通。在中世纪和文艺复兴时期,同样比例的构造会因为相对尺寸的不同而产生完全不同的效果,缩小的模型通常是结实稳

固的，但这并不意味着建筑成品也能屹立不倒。①

考虑到菲利波的计划具有的试验性质，30 布拉恰的限制似乎是一项明智的预防措施，尤其是在这种限制很符合逻辑的情况下。在 30 布拉恰的位置上，每层砌体的砌缝将由原本的水平位置变为与水平面呈 30°角——这个角度是确定砌体不会滑落的临界倾斜度。[3]倾斜角度小于 30°的时候，仅仅依靠摩擦阻力就可以让石料保持原位，哪怕是砂浆尚未定型也没关系，因此在这一阶段不使用拱架还是可以的。然而，从这个高度向上，每层砌体的倾斜度都会逐渐加大，在接近顶部时将达到最大的与水平面呈 60°角。毫无疑问，监管者们自然无法想象那部分砌体要怎么在没有某种拱架支撑的情况下保持固定。

无论是菲利波还是监管者们似乎都通过推迟解答如何建造拱顶这一核心问题为自己赢得了一些时间。所有人都认可的一点是，对于一个像这个穹顶一样史无前例的结构来说，任何在建筑过程中出现的难题都只能如 1420 年的计划中写明的那样，通过"实际经验"来寻找解决之道。这也许是犯了乐观主义的错误，不过这样一个关于尝试与犯错的过程已然要开始了。

55

---

① 维特鲁威（Vitruvius）讲过一个故事，说一位名叫卡里亚斯（Callias）的工程师设计了一个旋转式吊车，并准备把它放置在罗得岛的城墙上，用于捕获敌人的攻城车。模型本身运行得非常成功，但是放大后的成品就出了问题，所以罗得岛人被迫采用老式的向围攻城墙的敌人头上倒垃圾和粪便的办法。成比例放大设计的难题也不是只有古人或中世纪的人们才会遇到的。在 20 世纪 80 年代末，五角大楼就遇到了同样的问题。他们将设计成功的三叉戟洲际弹道导弹放大之后，却发现最终获得的成品——三叉戟二型导弹存在缺陷，它在离开水面 4 秒钟后就起动了自我毁灭机制。——作者注

第七章　闻所未闻的机器

　　　　　我已经习惯了躁动不安的灵魂每到夜深人静之时就让我心中充满忧虑。为了从这些痛苦的烦扰和哀伤的情绪中解脱出来，我会在自己的脑海中思考并建造某种人们闻所未闻的机器，它能够挪动和提起重物，它能够让创造伟大而绝妙的建筑成为可能。

这段话出自政治家阿尼奥洛·潘多尔菲尼（Agnolo Pandolfini）之口，后来被菲利波最有能力的支持者之一，建筑师和哲学家莱昂·巴蒂斯塔·阿尔贝蒂用在了自己的哲学论文里。《论灵魂的宁静》（Della tranquillità dell'animo）完成于1441年，也就是菲利波的穹顶建成几年之后。该作品的主要内容是两个因为被命运捉弄而遭受苦难的人之间的对话。不再抱有任何幻想的阿尼奥洛已经从公共生活中隐退，另一位名叫尼古拉·德·美第奇（Nicola de' Medici）的年轻人则是因为在银行事业上遭遇了失败而变得一贫如洗。他们二人就是在圣母百花大教堂的新穹顶下进行了这场对话。对话的内容涉及各种克服抑郁的方法。阿尼奥洛列举了许多传统的提振精神的方法，比如葡萄酒、音乐、女人和运动。不过他告诉尼古拉说，对自己来说最有效的策略是设计出能够创造"伟大而绝妙的建筑"的巨大的起重机和吊车——这样的机器是要被用来建造如此时在他们头顶上隆起的如穹顶一般的非凡构造的。

　　建造圣母百花大教堂，或者说是建造任何大型建筑要面对 57
的最显而易见的问题之一是如何将像砂岩条石和大理石厚石板
之类沉重的建筑材料提升到距离地面几百英尺的高空中，更不
用说要怎么把它们放置到符合菲利波的设计要求的精准位置
上。每块砂岩条石重达 1700 磅左右，建造穹顶要使用成百上
千块这样的条石。要解决这个问题，菲利波必须设计出一种人
们"闻所未闻的机器"，好能将这么重的材料提升到令人难以
置信的高度。菲利波创造的起重机将成为文艺复兴时期最著名
的机器之一，无数建筑师和工程师都会研究并描绘这个装置，
其中就包括莱昂纳多·达·芬奇。毫无疑问，这个机器也是阿
尼奥洛的解压幻想背后的灵感来源。

　　工地上当然已经有一些正在使用中的机器了。早在 20 年
前，人们就建造了一个"大轮子"（rota magna），用它将建造
教堂正面、鼓座和祭坛所需的沉重石料运送到高处。这个到
1420 年时还在被人们使用的机器其实就是一个踏车，需要几个
人像仓鼠一样在一个大轮子里不停地走，由此产生转动绞盘的
动力，从而将重物提高。古代的人就开始使用这样的机器了。
罗马建筑师维特鲁威在他的《建筑十书》（De architectura）中
描述了依靠"人力踩踏"转动的踏车，这些人大概都是奴隶。
踏车其实就像一种巨大的绳轴，轴上的绳子通过一系列滑轮来
收紧或放出，从而提高或降低缠在绳子另一头的重物。转动绳
轴所需的人力并不是很大，因为用它提起的重物相对较轻，需
要提升的高度也不是特别高。

　　意识到"大轮子"不幸地无法将沉重的石材提升到建造
穹顶要求的高度，大教堂工程委员会在举行 1418 年竞赛时也

特别征集了起重设备的模型，不过随后几个月里提交的模型都只是穹顶及其拱架的，而关于建造这些结构所需的机械装置的则一个都没有。在任命三名总工程师两周后，工程委员会还在其文件中提到了继续使用普通的踏车来提升建筑材料的计划，这个普通踏车很可能就是指已经在使用中的"大轮子"。这样不求进步的做法也许会令菲利波震惊，于是他自告奋勇地接受了这个挑战。他作为总工程师的第一个行动就是设计不由人力驱动，而是由中世纪用处最多、最重要的役使牲畜——力大无比但性情温和的牛驱动的机器。

58

建造这种新起重机的工作是从 1420 年夏天开始的。菲利波为此雇用了一大批工匠，其中好多工匠甚至来自佛罗伦萨以外的地方。在鼓座上举办了开工庆祝仪式几周后，工程委员会收到了一棵大榆树。这棵树就是建造新起重机的鼓式卷索轴的材料，其树干一定非常粗，因为起重机需要的三个鼓式卷索轴中最粗的一个直径达到了 5 英尺。选择榆树是因为它们对于自然环境有很强的耐受力，显然这个起重机造成之后是要使用很多年的。起重机上的其他部件也很快运到了，包括用来建造支撑架构的栗木长杆、套牛的挽具和牵牲口的缰绳。比萨是一个以造船业见长的镇子，那里的制绳技术非常先进，起重机上使用的绳子就是从比萨订购的。不过，菲利波的起重机对绳子的要求恐怕会让习惯了装备最大的西班牙帆船的制绳者们也感到难办，因为他订购的是有史以来最长最重的绳子：长 600 英尺，重量超过 1000 磅。[1]

1420 年年底到 1421 年年初的那个冬天里，建造起重机的工作一直在进行着。一名铁匠受雇来制造起重机滑轮的轴承，一名车工负责用白蜡木制作钝齿，然后把它们安装到起重机的轮子上形成齿轮。与此同时，制桶匠也开始制作起重机运送砖石和砂浆时需要的大桶。最后，还有两位木匠师傅受雇来制作整体构架并组装各个部件。他们各花了 67 天的时间才完成这项工作。

工程的进展速度肯定是非常快的，因为到 1421 年春，起重机已经被放置在八角形大殿的地面上了。更准确地说，它是被放置在了一个长 29 英尺，专为驱动起重机的牛建造的平台上。在接下来的十几年里，会有很多头牛在这个平台上来来回回转上几万圈。为建成穹顶，这台起重机提起的大理石、砖块、石料和砂浆的总重据估计能达到 7000 万磅左右。

菲利波的牛拉起重机无论从体积和功率，还是从设计的复杂性上来看都是非同凡响的。它的可变向齿轮是一项尤其重要的创新，在此之前，工学历史上还没有出现过这样的先例。用一位评论者的话来说，这个机器中蕴含的"技术超前了几个世纪"。[2] 起重机的组成包括一个高 15 英尺的木制框架，上面连接着几根或垂直或水平的杆和轴，这些杆和轴能够被尺寸不一的齿轮带动。给一到两头牛套上轭，由它们拉动垂直主干上的舵柄，从而带动主干旋转。主干上连着一上一下两个带齿轮的轮子，两个轮子都可以与另一个连接在水平轴上的尺寸大得多的轮子啮合。不过，旋转的主干上的两个轮子不能同时工作：它们一个是用来提升重物，另一个是用来放下重物的。变更啮合齿轮时要通过一根巨大的带螺纹的螺杆来实现。这根螺杆可以双向转动，能够让旋转的主干升高或降低几英寸，从而让上下齿轮中的某一个和第三个齿轮啮合，第三个齿轮则与三个缠着绳子的鼓式卷索轴中最大的那个相连，这个部件也被称为"大卷索轴"（sùbbio grosso）。

60

塔科拉（Taccola）绘制的布鲁内莱斯基的牛拉起重机，不过画中拉动机器的是一匹马，画面底部清晰展现的就是能够让轮子升高或降低的螺杆

能够让旋转主杆升高或降低的螺杆装置是起重机上最有独创性的特征之一，它的作用就像一个离合器，能够控制连接着"大卷索轴"的齿轮与主干上两个齿轮的接触或断开。这就意味着起重机可以双向运动，既可以提升重物，也可以将重物送回地面。所以牛只要一直沿顺时针方向运动就行，这免去了工人们给牛解除挽具，让它们调转方向，再重新给牛套上挽具的麻烦。可变向的齿轮的好处显而易见，因为它为人们节省了大量在提升和放下重物之间进行转换的时间。牛的体力充沛，力气也大，是最适合被役使的牲畜，不过谁也没法让它们一直倒退着走，多亏了可变向的齿轮，赶牛人再也不用频繁地解牛套牛了。

当垂直的旋转主干上的某个小齿轮与水平杆上的齿轮啮合后，一个轮系就开始工作了。缠着绳子的"大卷索轴"连着一个中号的水平轴，即"中卷索轴"（sùbbio mezzano），"中卷索轴"的另一端能够通过第二套齿轮系驱动另一根更细的水平轴，即"小卷索轴"（sùbbio minore）。大、中、小三根卷索轴都是水平方向相互平行的，任何一根都可以被用来提起或降低重物。由于它们的粗细有区别，所以每根卷索轴转动绳子的速率也不同，需要的畜力大小也不同。最粗的"大卷索轴"直径 5 英尺，能够比直径仅 20 英寸的"小卷索轴"更快地将重物提升到高处，因此它每次提升重物时需要牛运动的圈数也就多得多。"小卷索轴"是用来提升最重的材料的，就好像骑自行车的人上陡坡时要依靠最小的链轮带动车子向前一样。使用"小卷索轴"时，一头牛把 1000 磅的重物提升到 200 英尺高的地方大约需要 13 分钟。[3]

鉴于佛罗伦萨在过去 50 年间一直处于建筑热潮中，所以

61

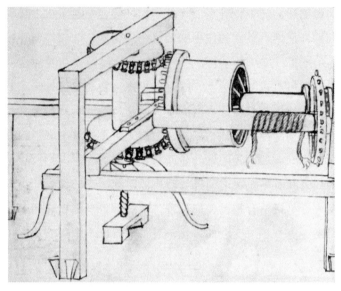

牛拉起重机的细节图，图上显示的是
右侧第二套齿轮的情况

城里人对于用机器将沉重的砖块和石料吊到高处已经见怪不
怪。但是当这个巨大的起重机在 1421 年夏天投入使用之后，
它一定依然算得上城中的一个奇观。每一块从采石场用车运到
工地上的砂岩条石都接近 2 吨重，它们会被放在涂抹了动物油
脂或肥皂的老木头滚轴上，先滑到八角形大厅的地面上，然后
再通过特别的挂钩被固定到起重机的绳子上。这种挂钩具有某
种榫舌和榫孔结构，类似于今天人们使用的吊楔螺栓。这种挂
钩也是菲利波发明的，他的灵感很可能来自研究罗马建筑的砌
体时的发现。加工石料的人要在石料顶部凿出一个 1 英尺长的
长方形凹槽，随着凹槽向下加深，凹槽的宽度也会向两侧加
宽，所以凹槽并非直上直下，而是接近表面的地方最窄，越往
深处越宽，这样就形成了一个鸠尾形榫孔。接下来，把组成挂

钩的三根铁条插进这个榫孔里。外侧的两根是鸠尾形的榫舌，它们要先被插入榫孔，起固定石料的作用。中间的一根铁条是扁平的，待外侧的两根铁条插好后，就可以用锤子把中间的这根敲进凹槽，以紧紧地抵住两边的榫舌，防止它们从榫眼中滑出。最后，从三根铁条上面的孔里水平插入一个带扣螺栓，在螺栓扣上系紧绳子，就可以把石料吊上穹顶了。

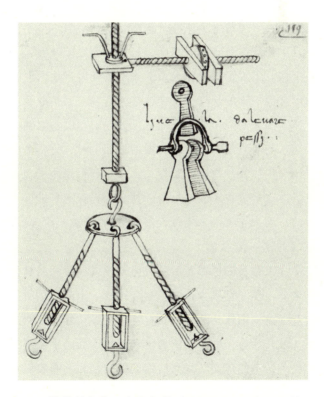

博纳科尔索·吉贝尔蒂（Buonaccorso Ghiberti）绘制的三个螺丝扣，右上插入的小图是能将石块挂在钩子上的吊楔螺栓

　　牛拉起重机的运行也存在着一些固有的风险。人们必须尽力减小摩擦，因为摩擦生热可能引发火灾，要是石料吊在半空时出现火情，无疑会导致重大灾难。菲利波定做的又粗又重的绳子的横截面直径有大约 2.5 英寸，它也有着火的危险，因为承受极大阻力的粗绳也会产生很大的摩擦力，所以人们不仅用光滑的核桃木做成圆套套在三根卷索轴表面，还会在绳子通过滑轮时把它弄湿以防止起火。海水、醋或坏掉的红酒是比清水更好的选择，因为清水会使绳子朽烂。

63　　一旦重物被提升到作业高度，穹顶上会有人喊停，于是牛就会被牵住。工人把螺栓扣上系的绳子解开后，地面上的工人再转动离合器一样的螺杆，改变连接的齿轮。当牛继续运动起来时，原本绕紧的绳子就会从向相反方向转动的卷索轴上放出去。等绳子头最终落回八角形大殿的地面上时，另一个吊楔螺栓已经被固定在新一块砂岩条石上，只等着系好绳子就可以被吊起来了。这个过程不断地重复，整套流程肯定是进行得非常有规律的，因为起重机平均每天吊起重物 55 次，约合每 10 分钟就可以完成一次。[4]

　　这个令人瞩目的机器背后的灵感来源就如菲利波其他发明的灵感来源一样一直不为人知。建造这样一个起重机所需要的那些专业理论知识在 1420 年时基本上还是不为人知的，但那之后不久就开始有一些希腊的力学和数学方面的手稿逐渐流传到佛罗伦萨，它们让文艺复兴时期的建筑师和发明家们掌握了一些远胜于中世纪水平的工程技术知识。到 1423 年，也就是菲利波建成他的起重机两年之后，一位名叫乔瓦尼·奥里斯帕（Giovanni Aurispa）的西西里岛探险家从君士坦丁堡返回时带回了 238 本希腊语手稿，此时这种语言对于意大利的学者们来说还很新鲜，因为他们是从几十年前才刚刚开始学习它的。这批珍贵的文献中包含了已经失传的由埃斯库罗斯创作的 6 个剧本和由索福克勒斯（Sophocles）创作的 7 个剧本，此外还有普鲁塔克（Plutarch）、琉善（Lucian）、斯特拉博（Strabo）和德摩斯梯尼（Demosthenes）的作品。不过，这些手稿中还包括几何学家亚历山大的普罗克洛斯（Proclus of Alexandria）的著作全集，以及对于工程师们来说更加重要的，由亚历山大的帕普斯（Pappus of Alexandria）撰写的关于古代起重装置的论文《数学汇编》（*Mathematical Collection*）。后面这部著作创作于公元 4 世纪，其中描述了绞盘、复合滑轮、蜗杆与蜗轮、螺杆与齿轮系等所有与起重机和吊车相关的核心构造。在接下来的几十年里，又有更多希腊数学和工学方面的手稿得以重见天日，这才让 15 世纪的意大利有了实现"数学复兴"的可能。[5]

　　所有这些发现都出现在菲利波发明牛拉起重机之后，所以不可能给他提供任何帮助。再说这位总工程师和莎士比亚一样，几乎不懂拉丁文，更不懂希腊文，如果要让这些手稿能对他有什么价值的话，除非先将它们都翻译成意大利文。[①]　鉴于此，菲利波对于滑轮、离合器和齿轮系工作原理的了解很可能不是来自这些古代手稿，反而是源于他自己的经验。从小在距离大教堂仅几百码的地方长大的菲利波，几乎每天都能看到被马内蒂称为"五花八门的装置"的那些机器是如何运行的，比如前任总工程师们指导建造的踏车和吊车，还有乔瓦尼·迪·拉波·吉尼在 14 世纪 50 年代设计的用绞盘将石料吊起，

64

---

① 菲利波肯定不认识拉丁文，或者只认识极少一点儿。人们确信这一点是因为 1436 年时，阿尔贝蒂将自己创作的关于透视画法的论文《论绘画》（*De Pictura*）翻译成了意大利文，这样他的师傅才能看懂。——作者注

从而建成了中殿的拱顶的踏车就是其中之一。即便如此，不管这些机器如何激发了年轻的菲利波的想象力，它们毕竟只是一些由杆和轮组成的通过滑轮体系拉动绳子的简单装置，其复杂性是完全无法和牛拉起重机相提并论的。举例来说，早期机器中几乎都不存在任何在菲利波的起重机上非常突出的那种复杂的啮合部件，更不用说是可变向离合器的雏形了。

65　　马内蒂还暗示了另一个牛拉起重机的灵感来源。他宣称当菲利波还是一位年轻的金匠时，他就制造了许多机械表，这些装置里面都配备了"各种不同样式的弹簧"。如果这个故事是真的，这些装置就如牛拉起重机一样是超越那个时代的作品了。这一时期的机械钟还都是靠缠在卷线轴上的绳索连接的落重来驱动的。随着重物落下，绳索不断放出，带动卷线轴转动，卷线轴又可以带动一个齿轮，齿轮上的齿就像牛拉起重机的"大卷索轴"上的齿轮一样与传动系统中的齿轮啮合。所有这些活动都受到一个擒纵器的控制。不过根据马内蒂的说法，菲利波的钟表是依靠弹簧而非落重驱动齿轮系的。这个说法令人震惊，因为已知的安装弹簧的钟表是要到接近一个世纪之后才被发明出来的，就连制造这种表需要的弹簧也是在此几十年以后，当冶金技术进步到能够生产带弹性的金属丝之时才被制造出来的。

除了马内蒂的描述之外，只有 15 世纪晚期出现过一张佚名草图能够作为证明这种弹簧驱动的钟表确定存在过的证据。这张图可能是菲利波的朋友马里亚诺·塔科拉（Mariano Taccola）根据菲利波的一项设计绘制的，我们已经知道塔科拉还画过描绘总工程师其他发明的草图。总之，认为菲利波进行的关于钟表构造、钝齿轮和平衡重的实验为他设计牛拉起重机提供了帮助似乎是合情合理的。[6]

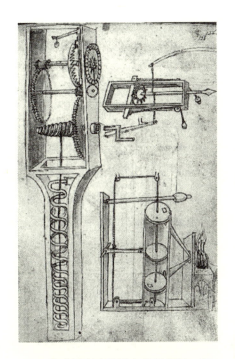

靠弹簧驱动的钟表的示意图，很
可能是根据布鲁内莱斯基的某个设计
绘制的

　　无论起重机的灵感来源于何处，它的问世从一开始就获得
了人们的认可。起重机刚造好，菲利波就催促工程委员会兑现
奖励，他对于至今没有人获得 1418 年竞赛承诺的 200 弗洛林
币奖金这件事显然还耿耿于怀。不到一个月之后，委员会为奖
励"菲利波在他最近发明的起重装置上付出的劳动及该设计
体现的精妙和创新"支付了他 100 弗洛林币。奖金的数目是
相当可观的，不过委员会对他设计的起重机的评语在现在看来
绝对是太轻描淡写了，他们竟然只简单地说了一句"它比之
前使用的机器作用大"。

牛拉起重机是被设计来以最高的速度及效率将重物提升到极高的地方的。从实现这个目的的角度来说，这个起重机超越了之前建造的任何起重机，因为它仅靠一两头牛就可以提起之前需要12头牛才能提起的重量。不过这个起重机也有一个所有起重机都有的缺点：它只能将重物提高或降低，却不能让重物横向移动。然而，横向移动显然是建造石链时必不可少的。条石之间是环环相扣的，到了一定高度之后，有些条石还要呈放射状地朝穹顶纵向轴线倾斜。所以必须有一个能够向上下左右各个方向，完成哪怕是极微小移动的机器，才能将石料放置到最精确的位置。

从 1413 年起，人们开始用一个被称为"斯泰拉"（*stella*）的吊车来建造祭坛的拱顶。不过仅仅十年之后，这个机器就和"大轮子"一样不能满足体积更大的穹顶的建造需要了。人们需要的是一个有更长吊臂、更强动力的吊车。大教堂工程委员会在面临这个挑战时还是采取了他们惯用的方式：宣布进行竞赛，有意者可在 1423 年 4 月结束前提交设计方案。

1422 年年底至 1423 年年初的那个冬天非常难熬。根据民间传说，从亚平宁山脉吹来的干冷的屈拉蒙塔那风（*tramontana*）让整个佛罗伦萨陷入了阴郁和倦怠的氛围中。1 月的时候，穹顶建造工程因为严寒而被迫暂停，人们不得不在墙上铺满木板来阻隔积雪。菲利波利用这个空隙设计了一种吊车参加竞赛。鉴于牛拉起重机的成功，工程委员会的评审结果不会令任何人感到意外：4 月的时候，监管者们在菲利波和另外一位名叫安东尼奥·达·韦尔切利（Antonio da Vercelli）的竞争者的设计中选择了菲利波的。瓦萨里曾暗示说安东尼奥提交的设计其实是洛伦佐·吉贝尔蒂的发明，后者不过是想借此挑战菲利波的专业知识并贬损他的权威。

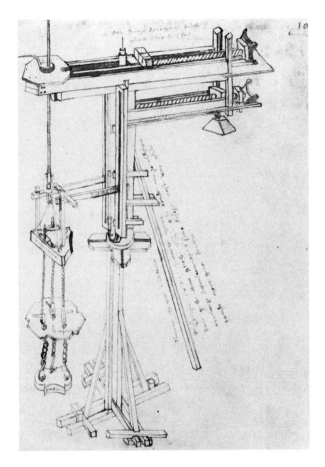

莱昂纳多·达·芬奇绘制的"卡斯泰洛"示意图

建造菲利波设计的机器所需的木材没几天就被送到了工地现场，包括8根松木大梁和两根15英尺长的榆树树干。接着又有一棵核桃树被送达，它是用来制作吊车上要使用的螺丝的。如牛拉起重机一样，这个吊车也是在很短的时间内就造好了，用时不超过3个月，到7月初，吊车已经准备就绪，可以使用了。

被称作"卡斯泰洛"（*castello*）的这个新吊车的构造包括一根木桅杆，桅杆顶上有一根能以桅杆为轴水平旋转的横梁。被高高地放置在穹顶上的吊车看起来肯定有点儿像绞刑架。水平横梁上有螺杆、滑道和平衡重。一根水平方向的螺杆负责控制平衡重在滑道上移动，另一根则用来控制被移动的重物。因为有螺丝扣，这个机器也可以被用来抬高或降低重物。这个螺丝扣装置控制石块位置的能力比牛拉起重机的强很多，因为控制牛拉起重机的人只能在几百英尺以下的地面上根据穹顶上的人喊出的指示来驱动机器。

牛拉起重机把石料提升到工人作业的高度后，就轮到"卡斯泰洛"施展威力了。吊车顶部有一个小平台，那里可以算是穹顶上最危险、最令人眩晕的地方了。操作者就要站在这里控制水平的木螺杆，让吊在横梁下的重物在半空中水平移动。与此同时，操作者还要调节横梁另一头的平衡重以保持吊车的平衡。另一根从桅杆上伸出的水平方向的吊臂是用来防止重物在绳子顶端晃动的——如果穹顶上刮着强风，就有可能出现这种危险状况。接下来，当石料被移动到指定位置之上时，操作者就可以调整螺丝扣，将重物稳稳放下。

"卡斯泰洛"的成功令人惊奇的原因还包括当时人们对于各种材料的强度并不了解，除了参考先例，菲利波并没有办法知道吊车长长的水平吊臂在提升重物时究竟能够承受多少重量。直到 1813 年，法国工程师克洛德-路易·纳维（Claude-Louis Navier）才研究出如何通过数学方法计算横梁的抗弯强度。在 1420 年时，人们还是依据古代关于不同的树木的"干湿"（humors）理论来计算承重能力的，这与当时的医学中关于人类体内体液相互作用的理论一样值得怀疑。比如，用来做可旋转横梁的榆木被认为是"干的"，而悬铃木和赤杨木则被认为是"湿的"，所以这两类木材"不和"，永远不能被用在相同的构造里，就像当时的人没什么依据就认定榆木能够吊起重量超过 1000 磅的砂岩条石一样。鉴于此，至少在最初的一段时间里，沉重的石料在横梁上吊着的景象一定是令人心惊胆战的。

　　不过，"卡斯泰洛"的横梁承受住了这些重量，如牛拉起重机一样，在接下来的十年里，它也只接受过一些简单的维修。实际上，从耐用性这一个方面来说，"卡斯泰洛"被证明为"太过结实了"。整个 15 世纪 60 年代，在菲利波去世很久之后，这个吊车还和牛拉起重机一起被放置在大教堂的工地现场，它们为穹顶建设的最后一项工作——在塔亭顶端放置直径 8 英尺的铜球也做出了贡献。打造铜球的工作是由建筑师安德烈亚·德尔·韦罗基奥（Andrea del Verrocchio）完成的，年轻的莱昂纳多·达·芬奇当时就在他的作坊里做学徒。莱昂纳多对韦罗基奥放置铜球时使用的菲利波的机器非常着迷，所以他画了一系列关于这些机器的素描，结果很多人就以为他才是机器的发明者。而为自己的发明感到无比骄傲，且总是担心自己的成果会被别人窃取的菲利波会如何应对人们的这种张冠李戴，我们不用想也能猜到。

第八章 石链

　　牛拉起重机刚建造完成，第一条砂岩石链的计划就开始推进了。到6月初，石链的设计终于敲定：菲利波雇用了一位名叫雅各布·迪·尼科洛（Jacopo di Niccolò）的木匠，付钱请他制作一个木制模型来说明条石之间是如何连接在一起的。这个链条的设计很复杂，由两个用长条石铺就的沿穹顶的八角形边缘水平环绕一周的同心圆组成；这些长条石下面还有像铁轨上的枕木一样横向摆放，并与长条石固定在一起，起支撑长条石作用的短条石，每根横放的短条石之间的距离是3英尺。在6月结束前，大约86车砂岩条石已经被从亚平宁山脉送到了主教堂广场上。

　　无论是从圣母百花大教堂的穹顶还是钟楼上眺望，围绕在城市四周的群山组成的优美轮廓就像一个俯卧的人形。15世纪时，这些山坡上有好几十个采石场，其中一些就在塞提涅亚诺（Settignano），那里是米开朗琪罗年幼时生活的地方，他的乳母就是一个采石工的妻子，据雕塑家说，他使用锤子和凿子的天赋就来源于此。山上的"砂岩"（macigno）里含有石英的成分，因为质地非常坚硬，所以中世纪的人们喜欢用它做磨刀石。佛罗伦萨人也用这种石头作为建筑材料。因为砂岩矿藏

太丰富了，所以佛罗伦萨人说自己盖房子时只需挖个坑，然后堆起这种石头就行了。还有几个采石场甚至开到了佛罗伦萨城

内，就在圣费利奇塔教堂修道院和加托里诺（Gattolino）的圣皮耶罗门［即今天的罗马门（Porta Romana）］之间；其中一个采石场就是属于修道院的修女们所有的。阿诺河也可以为这座城市提供石料：河流南岸出产一种被称作"阿米戈岩"（*lapidum Arnigerum*）的石灰岩。不过用来围成环形石链的石料都出自特拉西尼亚采石场（Cava di Trassinaia）。这个采石场位于城市以北几英里之外，靠近历史悠久的小镇菲耶索莱。1421 年 3 月，人们在这里建起了工棚，很快就有 19 名石匠前来工作了。

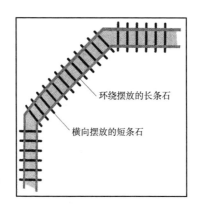

环绕摆放的长条石

横向摆放的短条石

砂岩石链

很多石匠都要先到采石场里做学徒，向他们的师傅学习如何辨识最好的岩层，如何顺着或逆着纹理切割石料，以及如何根据建筑师的样本修琢石面。石料的开采和塑形都是非常辛苦的工作。采石工先要用锯把石头从山坡上劈开。对待砂岩这类坚硬的石头，人们会在锯齿接触的地方撒一些沙子和铁屑，这样不仅可以增加摩擦力，也可以弥补质地相对较软的金属在硬度上的不足。用撬棍和木楔子将已经被劈开的石块撬下来之后，采石工就可以用鹤嘴镐将它们切割成需要的大小，然后再用小锤子修琢石面。接下来，采石工还要对石块进行"声测"——他们只要用锤子轻轻敲一敲石块，就能凭声音判断其质量。如果石块发出的声音像铃声一样清脆，就说明石块没有问题；如果石块发出的是沉闷的砰砰声，就说明石块内部有裂纹或其他缺陷，只能弃之一旁。另一种测

72　试质量的方法是闻气味。刚刚从采石场里切割出来的石灰岩或砂岩有一种臭鸡蛋味，这种像硫黄臭味的气味越大，说明石块的质量越好。

　　菲利波对于用来建造石链的石块都有着极为独特的尺寸和形状要求。围成环形石链的长条石必须是 7.5 英尺长、17 英寸厚。八角形的每一个面上都需要 10 块这样的条石，所以围绕穹顶一圈总共需要 80 块条石。每块长条石的下面都要切出几个凹槽，为的是和横在它们下面的短条石相互扣紧。这样的短条石数量更多，一圈是 96 块。如今我们只要观察一下比鼓座上的圆形大窗子略高一些的地方，就能看到这些像一排排牙齿一样从距离穹顶底部不过几英尺的地方凸出来的短条石。

　　指导石匠修琢石料的样本有可能是画在羊皮纸上的草图，也可能是用木头刻成的模型。不过，因为菲利波的设计太复杂了，所以石匠们很难理解究竟要怎么切割石块，更不理解它们之后要如何连接到一起。从不畏惧挑战的总工程师于是采用其他突破常规的材料为石匠们制作了可供他们效仿的模型。有些模型是用蜡和黏土做成的，还有一些甚至是用佛罗伦萨人冬季常吃的一种大萝卜（rape grandi）雕刻出来的。

　　为了让环形石链充分发挥作用，八角形的拐角处呈 45°角

连接的条石末端必须被紧紧地固定在一起。这一目标是通过铁夹子来实现的。菲利波专门前往皮斯托亚监督这些夹子的铸造工作。因为样式太特别，那里的五金匠和石匠一样无法理解如何制作出菲利波要求的成品。铁匠造出铁夹之后还要给它们镀铅，以防止因铁夹生锈而造成铁夹周围的石料开裂。为了对铁夹和大教堂其他部位上使用的铁条进行防锈处理，铁匠们使用了成千上万磅的铅。中世纪时大多数大教堂都会雇用铅匠［plumber，这个称呼来自拉丁文中的"铅"（plumbum）这个词］对铁质部件进行防锈处理或给尖塔制作铅质瓦片。这样一项辅助措施自然意味着建造圣母百花大教堂的工人们又要多面临一项危险。最晚是从罗马时代起，当建筑师法温提努斯（Faventinus）观察到铅匠身上出现的"畸形"或看到他们"面无血色的可怖样子"时，人们就已经意识到铅是一种有毒的金属。[1]

　　这条砂岩石链仅仅是要铺设的四圈链条中的第一条。它是将要围绕着穹顶的四环体系中的一环，每圈环形链条之间的纵向固定间隔是 35 英尺。1425 年春天，菲利波又制作了第二条石链的模型，它比第一条石链还要复杂，因为这次的横向短条石是呈放射状分布的，就像车轮的轮辐一样，全部指向穹顶的纵向中心，也称"中枢"。此外，这些条石也不是水平放置的，而是要倾斜一定角度，这条石链的铺设工作必须依靠新制成的"卡斯泰洛"的协助，并凭借极其精准的测量体系才能完成。

　　工程委员会的文件记录显示这些砂岩条石还要被用连续不断的铁链固定住。铁的抗拉强度比砂岩高得多，这就意味着环绕着穹顶的铁链实际上将承受穹顶绝大部分水平方向的推力。

然而，这些对于穹顶成功与否如此重要的铁链也正是它的秘密之一：人们至今无法知道这种铁的组成成分，因为铁链都是被嵌到砌体里面的，从外部根本看不到。我们没有理由假定砌体中其实没有加装铁链，但是 20 世纪 70 年代进行的一次地磁检测没有探测到铁链的存在。

砂岩石链还不是穹顶中唯一的环行链条。除了四圈环形石链之外，人们又在 1424 年加装了一圈木链。这圈木链位于第一条石链以上 25 英尺处。原本的计划是安装四圈木制链条，不过最终只安装了这一条，这显然是一个证明了"在建筑过程中，只有实际经验能够告诉人们接下来该做什么"的好例子。

木链的安装从一开始就给菲利波制造了很多麻烦。1420 年计划中明确写道链条应当使用长 20 英尺、宽 1 英尺的橡树木梁为材料。不过一年之后，因为人们找不到足够的橡树，所以只能用栗树取而代之。建造穹顶总共需要 24 根木梁，八边形的每个边上有 3 根。木梁之间还要用橡木做成的木夹子固定。虽然工程委员会早在 1421 年 9 月第一条砂岩石链开始铺设时就订购了栗木木梁，但实际上木梁是过了两年多才被送来——对于任何仍然梦想着建造巨大的拱架的人来说，这显然是一个令他们气馁的预兆。造成拖延的原因在于：首先，找到足够粗的栗树就很难。其次，找到树木之后，伐木工人还得遵循各种规则和传统伐树，比如必须等到月亏时才能干活，因为人们认定这个时候砍倒的树木不易生虫。最后，树木被砍倒之后，要经过恰当地加工，这个步骤非常耗费时间。树干先是要被泡在水里近一个月，为的是除净树干里的汁液；另一种办法是将木材埋在牛粪里几个星期，就像人们用粪肥鞣制牛皮的原理一样。这个步骤完成之后，木材要被放在一层灰烬或欧洲蕨上面，在通风的地方风干，但同时要注意防雨防晒，这个过程最长可能需要好几年。鉴于木材加工要经过这么复杂的流程，菲利波不得不等这么久就没什么可奇怪的了。

如另外四圈嵌着铁链的石链一样，木链无疑也是菲利波的隐形扶壁体系的一部分，是用来承受穹顶的环向应力的手段之一，因为木头和铁一样，也比砂岩的抗拉强度强得多。木链甚至可能是被用来抵抗一种更加强烈的应力的。君士坦丁堡的圣索菲亚大教堂的穹顶底部就加入了一系列类似的木制连接，那里正是应力强度最大的地方。公元 557 年的地震之后，人们又在穹顶的砖块砌体里增加了更多的木制连接。[2]同样的，苏丹尼耶的完者都陵墓（Öljeitü at Sultaniya）的穹顶里也使用了一圈白杨木木梁，目的就是抵挡波斯高原上的地震可能带来的损坏。

菲利波在设计木链时是否也在脑海中构想出了类似的防护措施？马内蒂暗示这些被安装在穹顶里的"隐藏装置"能够防止穹顶遭受强风和地震的侵害。实际上，风荷载（即风施加到穹顶上的力）不会带来特别严重的后果，因为穹顶结构的尺寸已经足够大到不会受风力影响了。[3]不过地震就是另外一个问题了。佛罗伦萨在 1510 年、1675 年和 1895 年都发生过地震。由于第一次地震的威力太大了，很多人被吓得接连几个晚上都宁可在室外广场上将就也不愿回家睡觉。不过，这些地震都没有给穹顶造成损坏。

加装木链的背后可能还有另外一个原因，不过这是出于政

75

治考量而非结构需要。布鲁内莱斯基总工程师似乎设计了，或者至少是部分参与了一个诡计，目的是通过揭露洛伦佐·吉贝尔蒂在建筑和工程方面的无知来削弱他的权威。因为穹顶的工程已经进行了几年，两位总工程师之间的冲突即将彻底爆发。

第九章　胖木匠的故事

菲利波和洛伦佐之间的对抗几年来一直处于随时可能激化的边缘。虽然两个人都被任命为总工程师，但是菲利波很快就把洛伦佐比了下去。在牛拉起重机建成及第一条石链铺就之后，各份文件在提到菲利波时都称其为"穹顶工程的发明家和总监"（*inventor et ghubernator maior cupolae*），这样的头衔暗示了他的地位已经超越了他的同事们。根据监管者的说法，菲利波的权限是"提供、安排和设计，或指示他人安排和设计所有建造、跟进及完成穹顶项目所必需的或对此有益的任何事宜"；相较之下，洛伦佐的权限则只有"提供"这一项。所以当菲利波得知洛伦佐不仅和他一样享受每月 3 弗洛林币的薪水，甚至可能还要分享他天才的创造成果之后，他肯定会感到怒不可遏。

木链给菲利波提供了一个让他的同事丧失威信的机会。包括菲利波在内共有三人参与了木链的设计竞赛，其中之一正是乔瓦尼·达·普拉托，设计的成败关乎 100 弗洛林币的奖金。1423 年 8 月，菲利波的设计被监管者选中，总工程师再一次大获全胜，他的声望也越来越高。不过，等栗木终于被送到佛罗伦萨的时候，灾难似乎也降临在了菲利波身上：他宣称自己半边身体疼痛不已，只能卧床。菲利波休息了好几天才被说服重返工地，但他回来时头上还缠着纱布，胸前也敷着膏状药物。这种夸张的表现让很多人相信菲利波的一只脚已经踏进了坟墓。而其他人则认为他是在装病，而且没过多久，佛罗伦萨的一则传闻甚嚣尘上，说菲利波所谓的怪病其实是为缺乏勇气找的借口，因为他也不知道该如何实现自己宏大却根本不可能实现的计划。病人本身对此没有做出任何回应，只是步履蹒跚地回到病床上去了。

鉴于此，建造木链，也包括继续建造穹顶的责任就落在了洛伦佐身上，如此巨大的责任让这位金匠感到无比焦虑。菲利波一如既往地不会让他的同事们看到自己设计的木链结构，更不会向他们透露自己建造穹顶的终极计划。眼下，洛伦佐突然发现自己要负责按照菲利波的模型制作木链，而且这个模型对于毫无经验的人来说一如菲利波的其他模型一样令人费解。

虽然洛伦佐在穹顶的建造工作中可能不得不屈居于菲利波之下，但是他在自己负责的其他几个项目上都获得了成功。1422 年他完成了将要被供奉在奥尔圣米凯莱教堂的圣马修（St. Matthew）的青铜雕塑。这座由银行家行会委托定做的雕塑比他之前制作的施洗者圣约翰的雕塑还要高大。更值得钦佩的是他终于完成了洗礼堂铜门的铸造。这件耗时 20 年的作品最终于 1424 年 4 月被展示在人们面前。但令人难过的是，参与了铸造工作的洛伦佐的继父巴尔托卢奇奥没能亲眼看到这样的成就——他在此两年前就去世了。

洛伦佐的铜门一经问世就立即被公认为杰作。原本打算用来装饰洗礼堂北门的铜板最终被安装在了东门上，这样的变化显示出了这些作品的尊贵程度。因为北门之外是圣洛伦佐区的边缘部分，而东门则正对着大教堂，其重要性不言自明。此外，铜板刻画的内容也与预定的不同：《旧约》的场景被展现耶稣与福音传道者的日常生活的画面取代了。洛伦佐的铸造作坊总共熔掉了 34000 磅青铜，仅仅是繁重的镀金和组装工作就耗费了一整年，所以 1423 年时，洛伦佐一直都在忙铜门的事。 78
这也解释了为什么他很少出现在圣母百花大教堂的工地现场，以及为什么他一直屈居于菲利波的阴影之下，不过后者在 1423 年时不仅监督制造了"卡斯泰洛"，还铺就了砂岩石链。① 洛伦佐会把更多的精力花在铸造作坊里可能还有经济上的原因。布料商人行会慷慨地支付了他每年 200 弗洛林币的高薪，这个数目让在穹顶工程上获得的区区 3 弗洛林币的月薪几乎不值一提。

　　被其他工作分走了注意力，以及很少出现在工地现场的事实让洛伦佐眼下的处境很不利。菲利波还在抱病卧床，工地上的工作迫不得已已经暂停，石匠和木匠们都在等待进一步的指示。虽然工程委员会要求菲利波返回工地指导工作，不过总工程师的身体状况恶化得非常迅速，这令委员会也开始担忧起来。最终，害怕暴露自己的无知的洛伦佐下令让工人们恢复工作，按照他的指示开始沿着八面墙中的一面铺设栗木木梁并将它们固定在一起。

　　将这些木梁固定在一起是一项非常重要且复杂的工作。洛伦佐尽己所能地推进着这项工作，他的设计依照的是围绕着洗礼堂穹顶的木链的铺设方案。不过菲利波设计的方案远比那复杂得多。他要求所有木梁都被用橡木制成的木板连接在一起。

---

① 洛伦佐建造洗礼堂铜门的工作本身并不足以作为菲利波应该胜过他的借口，因为菲利波在穹顶开始建造的这些年里也兼顾着其他项目。他获得的其他委托包括同是 1419 年开始的育婴堂和圣罗伦佐教堂圣器收藏室的建造，此外还有重建圣罗伦佐教堂本身这项庞大的工程。——作者注

木梁连接处的上方和下方都要固定连接板，先用铁螺栓进行固定，再用铁箍把木板和木梁箍在一起，以防止螺栓导致木材开裂。

刚有一面墙壁上安装了三根木梁之后，菲利波就奇迹般地康复了。他从自己"将死之时"所躺的病床上爬起来，生龙活虎地登上穹顶检验洛伦佐的工作，然后就开始鼓动一拨人到处散播洛伦佐的橡木固定装置一无是处，还宣称已经安装的三根木梁全都要拆掉，换成按照更有效的方式铺设的结构，改进工作最终当然都是在菲利波的监督下进行的。因此，且不论木链的结构作用究竟如何，它至少成了菲利波在监管者和佛罗伦萨人民面前揭露洛伦佐无能的工具。

没过多久，菲利波就发现这个诡计给自己带来了切实的好处：他的年薪被提高到 100 弗洛林币，这个数目几乎是之前的三倍，而洛伦佐的年薪直到 1425 年都停留在 36 弗洛林币，那之后更是被突然停发了。停发六个月之后，委员会虽然恢复了向洛伦佐支付工资，但是与菲利波的加薪不同，洛伦佐的月薪依然是 3 弗洛林币。这就意味着在 1426 年以后，他在穹顶项目上获得的工资只有菲利波的 1/3，这也暗示了在工程委员会里那些出钱支付他们工资的人眼中，洛伦佐的价值比菲利波的低多少。实际上，他们支付给洛伦佐的数额只相当于一份兼职工作的薪水。所以在接下来的几年里，洛伦佐投入穹顶项目中的精力更少了，不过他却接到了其他赚钱更多的委托，包括为奥尔圣米凯莱教堂制作另一座非比寻常的雕塑，以及为圣乔瓦尼洗礼堂再制作一套铜门。如第一套铜门的委托一样，这次的工作量也非常巨大，布料商人行会同意如他制作第一套铜门时一样支付他 200 弗洛林币的年薪，这笔丰厚的薪水可能再次导致了他把更多的时间花在自己的作坊里，而非圣母百花大教堂的工地上。即便如此，如果菲利波认为自己已经制服了洛伦佐及他的副手乔瓦尼·达·普拉托的话，那么他就大错特错了。

如果菲利波真的是在装病，那么这已经不是他第一次对毫无防备的人玩弄精心设计的花招了。佛罗伦萨人都知道他是多么擅长模仿、狡辩、夸大其词和制造假象。他最有名的恶作剧是针对一位名叫马内托·迪·雅各布（Manetto di Jacopo）的木匠师傅设计的复杂而巧妙的圈套。这件事在佛罗伦萨成了一个传奇，菲利波的传记作者安东尼奥·马内蒂还把"胖木匠的故事"写进了菲利波的自传。[1] 这次残忍且带有羞辱性的"嘲弄"（beffa）甚至值得薄伽丘来描写叙述，它的过程简直比莎士比亚《仲夏夜之梦》里的角色们进入的那个颠倒混乱的梦境更疯狂。

恶作剧发生的地点在佛罗伦萨，时间大约是 1409 年菲利波某次从罗马返回期间。受害者的名字叫马内托，但是人们常常称他为"胖子"（Il Grasso）。马内托擅长雕刻黑檀木，他在圣乔瓦尼广场上开了一家商店，商店的位置距离菲利波家的房子不远。马内托生意兴旺，人品也不错，就因为错过了一次社交聚会就倒霉地为自己招来了菲利波的愤怒。虽然马内托未必有意怠慢，但菲利波自认为受到了对方的轻视，所以这个睚眦必报的人打算展开一次复仇行动，复仇的办法是串通一大群人诱骗马内托相信自己变成了马泰奥（Matteo）——一个无人不知的佛罗伦萨名人。

一天晚上，菲利波趁马内托在自己的商店里准备打烊时来到后者位于大教堂附近的房子，撬门而入并从里面落了锁。几

80

分钟后，马内托也回来了，他拉了拉门却没有拉开，接着就听到门内有人赶自己走，而且那声音听起来正是他自己的（实际上那是菲利波在模仿他），这样的情况令他感到非常惊恐。菲利波的模仿太逼真了，无比困惑的马内托于是返回了圣乔瓦尼广场。他在那里遇到了多纳泰罗，可是他不明白后者为什么称呼他为马泰奥。没过多久，一个法警朝他走来，一边喊着马泰奥的名字，一边以欠债不还为由逮捕了他。马内托被送到斯廷凯监狱（Stinche），登记在监狱登记簿上的名字也是马泰奥，就连监狱中的其他囚犯也都用这个不是他名字的名字称呼他，那些囚犯当然全是菲利波的恶作剧同伙。

木匠在监狱里一夜未眠，焦躁地思考着这一系列事件，不过他还是告诉自己这大概只是一次错认身份的事故。不过这种想法带来的一点儿安慰在第二天早上就消失得无影无踪了，因为两个陌生人来到监狱确认马内托就是他们的兄弟马泰奥。他们偿付了"马泰奥"的欠款，让他重获自由，不过在这之前还是狠狠训斥了他所谓的赌博恶习和堕落生活。此时的马内托比之前更摸不着头脑，他被送回了马泰奥在佛罗伦萨城另一边的住处，那里距离圣费利奇塔教堂很近。虽然他不断强调自己不是马泰奥，而是马内托，但似乎任何人都不把他的话当回事。又经过了一晚的苦思冥想后，马内托几乎都要相信自己确实变成另一个人了。等他因为喝下了菲利波准备好的药剂而陷入沉睡之后，失去意识的马内托被送回了自己位于河对岸的家中，身体颠倒着放在自己的床上，也就是头朝床尾，脚在床头。

好几个小时以后，可怜的木匠醒了过来，比反着躺在床上的姿势更加让他晕头转向的是房子里的混乱不堪，因为他的工具都被重新摆放到了不同的位置。当马泰奥的两个兄弟前来拜访时，马内托愈发糊涂了。这两个人对待他的态度完全变了，不仅称他为马内托，还给他讲了一个奇特的故事，说他们的兄弟马泰奥在前一天晚上产生了一种怪异的想法，认为自己变成了另一个人。这个故事很快就得到了真正的马泰奥的确认——后者来到马内托家中，描述了自己变成木匠的怪梦。房子里的工具变动了位置的谜题也被揭开了，马泰奥说自己在梦中觉得工具被摆放得乱七八糟，所以重新整理了一下。面对如此"铁证"，马内托开始相信，或者至少在一段时间内真的相信自己曾经与马泰奥互换了身份，就好像他们的名字拼写本就相似，所以很容易被搞混一样。

这个恶作剧与菲利波在此事件几年之后创作的错视画一样，让人无法分清艺术和现实。菲利波向凝视着画面的观者展示了一个精妙的作品，这个作品可以让观者将画面错认成现实。同理，他通过改变和控制马内托的感知而为马内托创造了一种独特的视角——马内托就像从小孔中窥探错视画的观者一样，无法知道自己经历的是"真实场景"还是现实的某种逼真但终究是歪曲的镜像。巧合的是，菲利波在创作以圣乔瓦尼广场为对象的透视画时可能还把马内托的商店也画了进去。不过，到菲利波画这幅画的时候，这个倒霉的木匠已经带着屈辱和困惑的心情离开佛罗伦萨了。这个诡计被公之于众后，马内托就移民到匈牙利去了，他在那里的生意很成功，赚了很多钱，也算给这个故事补充了一个欢喜的结局。

第十章 五分尖

　　公元 148 年，罗马水利工程师诺尼厄斯·达图斯（Nonius Datus）被派到阿尔及利亚的沙尔代镇（Saldae），在当地官员的指示下建造一座穿山而过的高架渠。诺尼厄斯尽职尽责地考察了这座山的情况，完成了建造计划，绘制了横截面图，计算了隧道的轴线，然后监督两队经验丰富的隧道挖掘工人分别从隧道两端展开挖掘工作。诺尼厄斯对工程的顺利推进很满意，于是就返回罗马去了。然而四年之后，他突然接到来自沙尔代的紧急召唤。他返回那里后才发现这个干旱的镇子上的居民都陷入了沮丧之中：原来两支挖掘队伍在挖掘时意外地向着各自的右侧偏离了既定路线，以致如今隧道无法在中间贯通。诺尼厄斯想办法解决了这个问题，不过据他观察，自己要是再晚些抵达，这座山上恐怕就会出现两条隧道了。

　　这个故事后来被写进了塞克斯图斯·尤利乌斯·弗朗提努斯（Sextus Julius Frontinus）创作的《论高架渠》（*On Aqueducts*）里。弗朗提努斯曾经是罗马的首席水利工程师，还做过一任不列颠总督。这篇论文在失传了很多个世纪之后，终于在 15 世纪 20 年代时被一个名叫波焦·布拉乔利尼（Poggio Bracciolini）的专门寻找古籍手稿的人在卡西诺山（Monte Cassino）上发现了。诺尼厄斯与犯错误的隧道挖掘人员的故事无疑会时时敲打

着面临相似建筑难题的穿顶建造者们的神经——分为八组，各

负责穹顶一面墙壁的泥瓦匠们要如何确保各自建造的部分能够在穹顶顶部汇合？

　　建造穹顶的一个关键问题就是精确的计算和测量，以确保每层水平方向新铺就的砖块或石料都遵循一个递进收缩的序列。但是这样的测量是如何实现的呢？在建造过程中该如何控制每面墙壁的曲率？更何况穹顶还是由内外两层组成的，再加上那些起支撑作用的拱肋，这些问题都给建造过程增加了巨大的难度。这些每根长度都超过 100 英尺的拱肋中，哪怕有一根偏差几英寸，就意味着穹顶各面墙壁最终会像沙尔代的隧道一样无法连接到一起。

　　参与建造工程的各组泥瓦匠都有一些基本的测量仪器可以使用，只是其中大部分仪器在过去的一千年里都没出现过什么实质性的改进。比如用来检查墙壁垂直与否的铅垂线就是在一条绳子上拴一个重物垂在空中，最常见的重物是铅质的圆球。拴铅球的绳子是像鱼线一样编织而成的，这样即使遇到有风的情况，重物也不会在绳子下面打转。确保石料的放置是否水平时用到的是泥瓦匠的水平仪，这个工具的形状有点像大写英文字母"A"：在工具尖端位置悬挂一个铅锤，水平仪的横木上刻着刻度，如果石料或砖块是水平的，铅垂线就会对准横木的正中。

　　鉴于拱顶和穹顶这类建筑的墙壁既不是垂直的也不是水平的，工人们自然需要一套更加复杂的测量体系。哥特式大教堂的建筑师们使用的控制此类建筑曲度的方法是先按照与原物大小等同的尺寸，在一个特别的绘图平面上绘制一个巨型蓝图。人们先在这种绘图平面上撒一层熟石膏，然后在那上面绘制现实尺寸的几何设计，比如画一个拱顶的拱肋。一旦设计图绘制完成，木匠就开始依照图纸制作木制模型，然后再由采石场的泥瓦匠们根据木制模型处理石料。用过的石膏粉末还可以被抹平，好让设计者有地方绘制下一幅设计图。如果没有条件使用撒了石膏粉的平面，也可以清理出一片空地，直接在土地上绘制。比如1395年时，人们就在法纳姆（Farnham）附近的萨里郡（Surrey）清理出了一块地，用来绘制威斯敏斯特教堂大厅屋顶的木制桁架的设计图。

菲利波在1420年夏天时采用的就是后一种方法。他在佛罗伦萨境内的阿诺河下游岸边弄平一片长宽都是半英里左右的地面，并在沙子上画出了与实物尺寸相同的穹顶蓝图。[1]八根纵向拱肋很可能就是依据这个巨大的几何设计方案制作出模型的。模型使用松木为材料，每根长8.5英尺、宽大约2英尺，外面还用铁板加固以防止木材变形。这些模型被安装在了内层穹顶墙壁外侧，这样它们就可以同时给两层穹顶的建造提供指导，因为两层穹顶的倾斜度是一模一样的。随着穹顶一天比一天高起来，工人们要确保这八根巨大的拱肋最终汇聚于第四圈石链的高度上。要让这些拱肋成为穹顶墙壁纵向曲度上的指导标准，就得最先建好这些拱肋，也就是说，泥瓦匠们要先砌拱肋两边的几层砖，待拱肋被固定住之后，再开始填补墙壁中间部分的空缺。

控制拱肋的曲度还不是菲利波和泥瓦匠师傅们需要面对的唯一问题。穹顶的砖块并不是水平放置的，它们要与水平面呈一定角度，而且这个角度还会层层加大，到最后几层的时候，倾斜的角度可以达到向内倾斜60°。因此，建造者必须找到一种能够指导和控制这种逐渐加大的倾斜度的办法。与此相关的另一个难题是，建造者要同时计算出砖块及第二圈和第三圈石链上砂岩条石的径向位置，即所有这些砌体既要向内倾斜，又要以穹顶的垂直中心为轴成辐射状。在这样的情况下，铅垂线和水平仪之类的传统工具几乎是毫无用处的。

菲利波是如何计算出砖块和巨型条石的摆放位置的问题是关于穹顶的另一个谜。然而，在 15 世纪 90 年代创作的一本《佛罗伦萨史》（*Historia Florentinorum*）中，人文主义诗人和历史学家巴尔托洛梅奥·斯卡拉（Bartolomeo Scala）针对菲利波可能采取的做法给出了这样的暗示："当（穹顶的）中心被确定位置并标记出来之后，菲利波从这个中心向穹顶的环形上拉一根绳子，整个一圈都用绳子测量过之后，他就可以决定让泥瓦匠以什么样的顺序，以及根据什么样的曲度来砌砖和浇筑砂浆了。"

这么说来，菲利波为了指导泥瓦匠砌砖而从穹顶的中心上拉出了一根绳子［当时的文件上称之为"建筑弦"（*corda da murare*）］。这根绳子可以绕着穹顶中心 360° 旋转，其长度要足够达到环形砌体内侧边缘上的任何一个位置。随着砖块一层层被砌高，穹顶的半径会从底部的 70 英尺逐渐缩小到顶部的仅有 10 英尺，绳子的长度也可以越来越短。通过这个办法，砖块的倾斜度和它们的径向位置就可以一直处于严格的监督之下了。

马内蒂也佐证了斯卡拉的描述，他说菲利波在建造里多尔菲堂时也采用了同样的办法。在那个工程中，总工程师使用了一根一头被固定在特定位置的藤条，然后让"没有被固定的一头抵着穹顶的砖块画圈，随着藤条越来越向高处倾斜，实际上就等于逐渐缩小了穹顶的半径"。这个工具就是当代砌砖工在给环行墙壁砌砖时使用的梁规的前身。梁规的组成包括一根水平方向的木板，木板以被固定在墙壁曲度中心的直立的金属棒为轴转动。木板绕着轴心转动时描绘出的弧线就是每层砖块应当被放置的位置。

这个理论虽然说得通，但在圣母百花大教堂工程上使用的曲度控制工具肯定要比其他地方的工具大得多：如果绳子能够被从穹顶中心拉到穹顶的环形砌体上，那么这种"建筑弦"的长度至少要达到70英尺。这样的长度肯定会带来一些问题。比如，会不会出现因为绳子没有拉直而导致测量数据不准确的情况？人们在使用这个工具的过程中是否引入了滑轮系统，又或者是像中世纪的测量者那样，先把绳子绷直，然后往上面涂抹蜡来定型？

然而，最令人困惑的问题其实是绳子的一端要如何被固定在穹顶的中心。能够从地面抵达穹顶基座高度的木杆就得有180英尺高，而要到达穹顶顶端就要达到近300英尺高。18世纪英国海军舰船上主桅杆的平均高度才120英尺，要制作这样的桅杆，只能使用生长在魁北克、缅因或新罕布等地的新大陆森林里的参天大树，因为在欧洲任何地方都找不到符合这个高度的树木。[2]如一位评论者所言："人们只能幻想曾经有过一棵奇高无比的加利福尼亚红杉被树立在建造于穹顶中心点的塔楼或高空平台上。"[3]

无论菲利波用来控制穹顶曲度的方法是什么，他都为此受到过一些批评。其中最引人注目的无疑又是来自洛伦佐·吉贝尔蒂的阵营。1425年晚些时候，洛伦佐的副手乔瓦尼·达·普拉托向监管者们提出异议，指责菲利波没有按照1367年模型建造穹顶。身为总工程师的菲利波当然也和他的历届前任一样，要发誓忠于这个神圣的结构。然而乔瓦尼对此还不满意，他提出了几项不满，其中最严重的一项就是指责菲利波没有依照恰当的外形轮廓来建造穹顶，也就是没有遵守内里·迪·菲奥拉万蒂设计的"五分尖"的曲度。

这种带有尖顶的外形轮廓对于这个穹顶来说既有结构上的重要意义，也是审美角度的点睛之笔。尖拱当然是哥特式建筑最偏爱的跨越空间的结构：圣母百花大教堂中殿的拱顶就是带尖的，大多数哥特式教堂的中殿拱顶也是带尖的。球形穹顶和半圆形穹顶后来成了文艺复兴时期占主导地位的样式，但相比较来说，带尖的拱顶有两个突出的优点。第一个优点是比例方面的。在跨度相同的情况下，尖拱的高度比半圆形拱的更高。1367 年时，这个因素无疑是影响圣母百花大教堂的监管者们做出抉择的关键因素之一，因为就建在直径相同的一圈鼓座上的穹顶来说，带尖穹顶的轮廓最多能够比半圆形穹顶的高出 1/3。也就是说，只有选择带尖的曲度，穹顶的高度才能达到他们期望的 144 布拉恰。

第二个优点是结构方面的。穹顶的高度与水平方向的推力大小成反比，鉴于带尖穹顶的高度比半圆形的高，所以它产生的推力自然就会小。实际上，米兰大教堂的建筑师甚至相信尖拱根本不产生水平方向的推力。这个想法当然是错的，不过五分尖产生的径向应力最多能比又浅又矮的半圆形拱产生的少 50%。因此，五分尖拱顶不像其他拱顶一样需要那么多拱座，它们的底部也更不容易出现裂纹或发生破裂。

1367 年模型要求的五分尖外形轮廓指的是这样一种几何图形，即穹顶墙壁按照一定曲度会合后形成的弧线的半径恰好等于穹顶跨度的 4/5。相较之下，半圆形穹顶形成的弧线半径只有穹顶跨度的 1/2，所以建成后的穹顶外形轮廓比较低矮，

87

也更浑圆。乔瓦尼·达·普拉托就是在这个数字上做文章的。在向大教堂工程委员会提交的意见书中，乔瓦尼称穹顶"建错了"，因为菲利波把它建成了"半圆半尖的"（*mezzo acuto*）形状，也就是说他建成的弧形半径将介于穹顶跨度的 1/2 和 4/5 之间，这样的设计可能造成穹顶最终无法达到设计要求的高度。乔瓦尼不认为这个错误是控制曲度体系出了什么错误，而是将所有责任归咎于菲利波的无知。

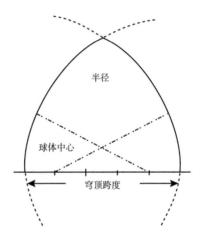

五分尖拱形

"本人，上述乔瓦尼，特此声明，"他满怀愤慨地写道，"我认为几十年前确定的穹顶计划不应被变动或违背，出于任何原因降低其高度都是不能被许可的。"他还坚称穹顶的美观会受到影响，更不用说结构的稳固性也会被减弱。简言之，菲利波不按照既定的曲度要求建造穹顶是在"无耻地糟蹋和危害这座教堂"。在这份意见书的结尾处，乔瓦尼毫不令人意外地发起了对菲利波本人的严厉抨击：

会出现这样的结果都是因为受委托执行建造工作，并
为此领受了高额薪水的那些人的无知和自以为是。我在此
写下这些内容就是为了声明，假如有一天厄运降临——而
且所有理智都告诉我厄运必将降临，比如建筑被毁或面临
着倾倒的危险，我不应当受到任何指责或承担任何责任。
看在上帝的份上，我相信你们一定会谨慎对待此事。想想
锡耶纳的大教堂遭遇了什么样的灾难吧，那就是因为轻信
了没有理性的空想家而招来的祸患。

意见书的腔调就像《圣经》中的先知在做出预言，如果
人们对他的话听而不闻，未来就要发生灾难。乔瓦尼提到的锡
耶纳大教堂未建完的附加建筑指的是 1357 年时被部分拆除的
一大片结构，拆除原因是疫情暴发和资金短缺。整个工程声势
浩大却劳而无功——这样的灾难无疑会成为让圣母百花大教堂
建造者们保持警醒的前车之鉴。

乔瓦尼向工程委员会提交意见书的动机很可能不是那么纯
洁的，尤其是在他的指责完全没有依据的情况下。当时的工人
们就是按照精准的五分尖外形建造两层穹顶的，建造过程中也
没有出现任何有必要被纠正的情况。[4]乔瓦尼对于自己名声
（"我不应当受到任何指责或承担任何责任"）的过分在意，以
及他显而易见的对于菲利波"领受高薪"的不满让人们不禁
怀疑他的真实动机其实是嫉妒心在作祟。

1425 年时，乔瓦尼已经算得上一位成功人士了，他不仅
是受人敬重的人文主义学者，还写出了著名的哲学论文《阿
尔贝蒂的天堂》（*Paradiso degli Alberti*），不过能让乔瓦尼对菲
利波产生嫉妒的理由还是很多的。乔瓦尼与洛伦佐一样没能在

建筑领域做出什么成就。菲利波的木链模型也力压他的设计被选为最终方案，还让总工程师获得了 100 弗洛林币的丰厚奖金。就在同一年，菲利波还凭借"卡斯泰洛"在吊车的设计竞赛中获胜。与此同时，他的牛拉起重机一直是一个巨大的成功，第二条砂岩石链也在 1425 年时按部就班地开始铺设。简而言之就是菲利波的声望达到了一个前所未有的高度。与他的成功相比，几个月之前洛伦佐·吉贝尔蒂刚刚被暂停了总工程师的职权，这很可能就是菲利波关于木链的诡计得逞而带来的结果。虽然洛伦佐不久之后被官复原职，但是他的职责和权力都被大大缩减了。吉贝尔蒂一派的势力也随之跌入了谷底。

乔瓦尼·达·普拉托在提交给大教堂工程委员会的意见书中不止提出了穹顶曲度的问题，还重新提起了自己在早年间就曾揪住不放的大教堂采光问题。他抱怨说仅凭从一圈鼓座上的八扇窗户及穹顶顶部的"眼睛"里射进来的光线根本不能满足照明需求，这会导致大教堂内部"阴沉晦暗"。为了证明自己的理论，他还绘制了一份大教堂的截面图来说明日光如何从鼓座上的一扇窗射入，以及这样的光线为什么不足以照亮上面的穹顶或下面的交叉通道。

教堂的采光是一项非常重要的建筑考量。哥特式建筑风格的建筑师为了让教堂里光线充足，选择设计巨大的带彩色玻璃的窗子。不过，教堂的"明亮"或"晦暗"在文艺复兴时期成了一个引发大量争论的话题。比如阿尔贝蒂就认为教堂内部应当黑一些，只靠点蜡烛和灯来照明。而乔瓦尼对于圣母百花大教堂内的阴沉晦暗的抱怨在一个多世纪之后会得到米开朗琪罗的响应，后者在建造圣彼得大教堂时批评前任总工程师安东尼奥·达·圣加洛（Antonio da Sangallo）设计的穹顶令大教

堂里漆黑一片，就算发生修女遭人非礼的恶行，罪人也可以在
黑暗中隐藏行踪，不被人发现。

　　乔瓦尼认为只有一种办法能够让圣母百花大教堂免于陷入
黑暗：他敦促监管者们找出他曾经提交但是被拒绝的设计方
案，里面提到的在穹顶底部开 24 扇窗的设计一定会让教堂变
得敞亮。这一次他选择了威吓和警示的语气，请求工程委员会
"看在上帝的份上，解决这个问题"（Per dio uogliate pro
uederui）。此外，他再一次为自己与可能发生的任何坏事撇清
关系："我在此写下这些内容就是为了证明，就算没人着手解
决这个问题，我也不应当受到任何指责。"

　　不过乔瓦尼的请求再一次石沉大海。1426 年 1 月菲利波
在关于穹顶项目的修正案里写道："我们不打算就采光问题做
出任何特别建议，因为下面的八个窗子似乎足够满足采光需要
了。"他还补充说如果以后出现采光不足的问题，可以在穹顶
顶部增加窗户。这个解决办法曾经被乔瓦尼愤怒地指责为只有
"傻子和无知之人"才会选择的方案。不过显然，工程委员会
是站在菲利波这一边的，因为建筑工程一如既往地进行着，既
没有改变墙壁的曲度，也没有在底部增加窗户。过了几周，菲
利波收到了已经被提高为 100 弗洛林币的年薪，与此同时，乔
瓦尼则只领到了 10 弗洛林币的顾问费。在那之后，他再也没
能深入参与到工程的任何决策中。

　　不过这次非议还不是菲利波从乔瓦尼·达·普拉托那里听
到的最后一次。就在总工程师开始设计另一项后来被证明远不
如他之前的作品那样成功并受人敬仰的新发明之后不久，乔瓦
尼的复仇机会出现了。

第十一章　砖块与砂浆

　　虽然菲利波在穹顶建造工程的最初几年里取得了这么多成就，但他一直受到一件事的困扰——穹顶建到 30 布拉恰的高度时，监管者们就要重新聚集在一起讨论是否继续不使用拱架来建造穹顶。到 1426 年年初，第二圈砂岩石链也已经铺设完毕之后，这个决定的时刻终于到来了。此时的穹顶达到了鼓座以上 70 英尺的高度，两层向内侧弯曲穹顶的倾斜角度也都超过了 30°这个关键点，自此向上的部分，仅依靠摩擦力就无法在砂浆定型前确保砌体不会移位了。

　　与菲利波最初提出自己的计划时引发的激烈争论相比，1426 年进行的是否继续不使用拱架建造穹顶的论证进行得相当顺利。此时地位如日中天的总工程师获得了最终的胜利："我们依然不建议使用拱架"，工程项目修正案中记录了这样的内容，还列出了建造必要的鹰架存在的诸多困难。不过这样的壮举是否能够最终实现，人们只能拭目以待了。

　　1426 年 2 月的文件中只有一些极简单的关于菲利波的计划要如何付诸实践的内容，充其量只能算某种暗示。做出在此后的穹顶建造过程中依然不使用拱架的决定的同时，另一份修正案也被采纳：穹顶的某些部位将使用一种形状独特的砖块，这些砖块要按照独特的鱼骨型样式进行铺设。1420 年那份有
12 项内容的备忘录中规定，两层穹顶在达到 24 布拉恰高度以

/ 布鲁内莱斯基，这幅铜版画出自瓦萨里著《艺苑名人传》（1550 年出版）//

（ © TPG images ）

（ © TPG images ）

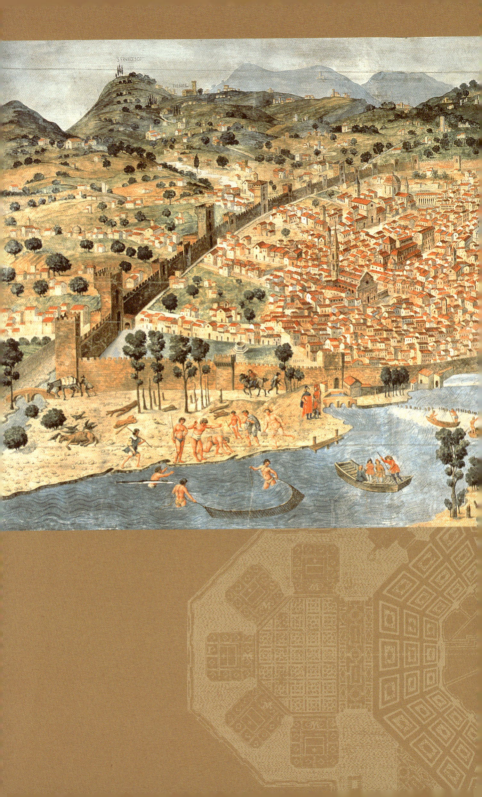

FIORENZA

/意大利画派：15世纪90年代的佛罗伦萨全景，收藏于佛罗伦萨老样子博物馆（Museo di Firenze com'era）//

（© Bridgeman Art Library/ TPG images）

/ 乔瓦尼·巴蒂斯塔·内利绘制的圣母百花大教堂剖面图 //

（ © TPG images ）

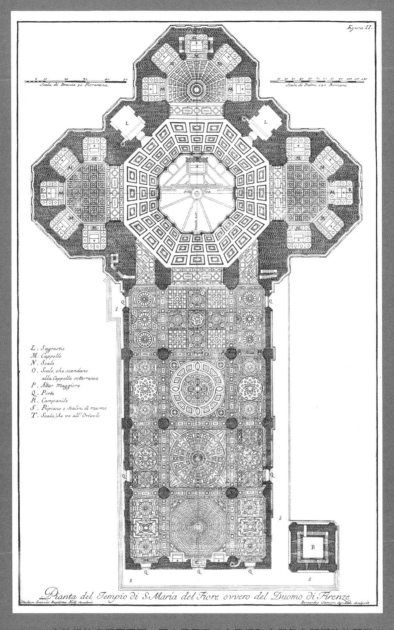

/ 大教堂的底层平面图，图中显示了三个祭坛和它们各自所属的礼拜堂 //

（© TPG images）

/乔瓦尼·保罗·帕尼尼：罗马万神殿内部 ///(public domain，wikicommons)

/多梅尼科·迪·米凯利诺（Domenico di Michelino）绘画作品的细节图。画中的但丁站在佛罗伦萨城与炼狱山之间，他手上拿的书是其著作《神曲》//

(public domain, wikicommons)

/比亚焦·丹东尼奥创作的《托斯卡纳风景中的大天使们》的细节图，画面远处的是尚未建成的穹顶，巴尔托利尼-萨林贝尼收藏（Bartolini-Salimbeni Collection）//

（©TPG images）

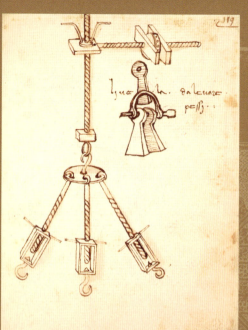

/博纳科尔索·吉贝尔蒂绘制的三个螺丝扣，右上插入的小图是能将石块挂在钩子上的吊楔螺栓 // (© TPG images)

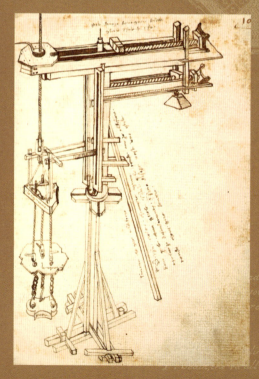

/布鲁内莱斯基的"卡斯泰洛"的示意图 // (© TPG images)

/ 锡耶纳发明家弗朗切斯科·迪·乔焦
绘制的带桨轮的船的草图 //

（© TPG images）

/ 博纳科尔索·吉贝尔蒂绘制的菲利波
的塔亭起重机草图 //

（© TPG images）

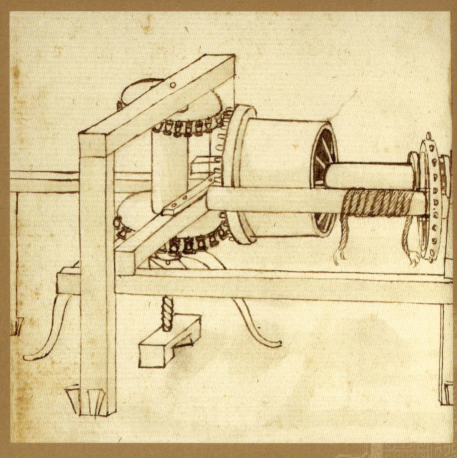

/ 布鲁内莱斯基的牛拉起重机 //（© TPG images）

/ 布鲁内莱斯基的死亡面具，收藏于大教堂博物馆 // (© TPG images)

/ 布鲁内莱斯基墓上的铭文 // (© Gryffindor)

/ 布鲁内莱斯基凝神注视着大教堂的雕像 //
(public domain, wikicommons)

/ 钟楼和大教堂的景观图 // (© Saiko)

/ 圣乔瓦尼洗礼堂的天堂之门 //

(© Ricardo André Frantz)

/ 佛罗伦萨圣母百花大教堂 // （© Florian Hirzinger）

/ 大教堂内部 // (© Gryffindor)

/ 大教堂内部 // (© Peter K. Burian)

后的部分就不能再使用砂岩为建筑材料了，而是应当替换为砖块或凝灰岩以减轻建筑重量。最终人们选择改用砖块，因为佛罗伦萨附近没有现成的凝灰岩资源，如果使用的话就得靠进口。工程委员会于是签订了购买数以十万计的砖块的合同，菲利波则开始设计一种木制模具来规定砖块的形状。

当时，佛罗伦萨对于砖块的大小已经有细致的规定了。[1]建筑行业中使用的"砖块"（mattone）的基本样式是 10 英寸长、5 英寸宽。所有砖厂都必须依照要求展示自己生产的各种砖块的样品，上面还要加盖官方的印章，以便顾客及穿着与众不同的蓝色披肩、戴着银质徽章的泥瓦匠协会检查员可以对产品进行咨询。

然而，穹顶上需要的砖块都是一些非传统的设计，比如矩形和三角形的，有鸠尾状的，带法兰的，以及为了契合八角形角度而设计的特殊形状的砖。砖块的大小也各不相同，用来制作砖块的模具千奇百怪，以至于画设计图的羊皮纸都不够用了，所以菲利波不得不随机应变，采用覆画①的方式：他让人买来许多旧书，撕下书页，然后在那上面绘图。

这些图纸之后都会被送到一个制桶匠手中，由他负责据此制作给砖块定型的模具。模具制成之后会被送到砖厂。砖厂大多建在乡下，这不仅是为了防止佛罗伦萨遭受火灾和污染的威胁，也是因为乡下距离黏土坑和烧窑需要的木柴和灌木更近。黏土被从黏土坑里挖出之后，先要由赤着脚的工人像踩葡萄一样将黏土踩到顺滑均匀的程度。此时的"泥料"还要经过塑

---

① 覆画即重叠手稿，即将卷轴或书籍的羊皮纸上原本的字迹刮掉或洗掉，然后在上面重新书写新的内容。——译者注

型和风干，最后才能被送进烧窑。烧造的过程只需要几天，不过因为烧砖过程中，窑中的温度能够达到 1000℃，所以即便是熄火之后，烧砖人也得再等上两个星期，直到砖块凉透以后才能把它们取出来。一个中型烧窑一次最多能烧 2 万块砖，每三周烧一次，一年下来可以烧 30 万块砖。然而，即便是以这样的速度，一个烧窑也要用 13 年的时间才能烧好建造穹顶所需的全部砖块。

93　　马内蒂宣称菲利波亲自检查了每一块要被用到穹顶上的砖块，这肯定是夸大其词了，因为这个数目可以达到 400 万块之多。不过砖块的质量确实是总工程师非常关注的一个问题。没有恰当地进行风干的砖块在烧制过程中很容易缩水或碎裂，质量达不到要求的砖块会被拒收。最理想的挖黏土的时节是每年秋天，把塑型之后的砖块埋在沙子里可以避免霜冻对砖块造成破坏。这些尚未烧制的砖块在第二年夏天被挖出来之后，还要再被埋到潮湿的稻草里，以防止它们在炎热的环境中开裂。阿尔贝蒂警告说砖块在进行烧制之前必须经过两年的时间风干，这足以让烧砖和处理木材一样耗时费力了。此外，烧砖肯定也不是什么清洁的工作，佛罗伦萨有一个笑话是这么讲的：只有烧砖人会在便前洗手。

　　对于建造穹顶来说，和砖块质量一样重要的是砂浆的质量，马内蒂说菲利波对于后一个环节也是要亲自过问的。在整个中世纪，砂浆都是用沙子、水和生石灰（氧化钙）混合而成的，其中的生石灰是通过把石灰岩放到烧窑里烧制而得来的。为建造穹顶这样规模的工程提供砂浆必然需要大量的石灰岩。很多烧砖人也在自己的烧窑里烧石灰，不过是用不同的炉子，烧制时间大约需要三到四天。烧石灰是一个有毒有害的过程，任何居住在烧窑下风向的人的健康都会遭受损害。烧石灰很危险还有另一个原因，就是石灰岩中的气孔可能在烧窑中引发爆炸。出现气孔通常是因为有化石，采石工自然比其他人都更熟悉这个现象。石化了的古生物遗迹总是能够引发巨大的好奇心：阿尔贝蒂对此就很着迷，他描述说自己看到过背上有毛，身上有很多足的虫子"活在"大块的石灰岩里。

如我们已经看到的那样，砂浆硬化的速度决定了建筑工程采用的技艺。中世纪砂浆的硬化分两个阶段。第一个阶段只需要几小时，砂浆就可以固定不再变形。第二个阶段需要的时间则长得多，在这一阶段中，从周围环境中吸收的二氧化碳能够把砂浆中的氢氧化钙转变成碳酸钙，也就是石灰岩的基本成分。这个化学反应也是有些石灰岩洞穴顶部会出现钟乳石的原因，即二氧化碳将水滴中含有的钙质逐渐转回天然的石灰岩。

94

阿尔贝蒂宣称第二阶段究竟从何时开始是可以判断的，因为届时砂浆中会长出一种"泥瓦匠能够辨认的苔藓或小花"。要确定他指的究竟是什么植物很难，不过最有可能的是真藓属、墙藓属或紫萼藓属的苔藓，涂抹砂浆几个月后的石灰墙上长出来的往往就是这些植物。据推测，菲利波可能是使用了快干的砂浆来提高硬化速度，甚至可能就是使用了火山灰混凝土。如果真是这样的话，这无疑是一次令人震惊的创新，因为这是此前一千多年来第一次有人使用罗马人的混凝土。不过20世纪70年代进行的矿物学检测揭示的结果是，穹顶上使用的砂浆与大教堂其他地方使用的并无本质上的区别。然而，研究结果还证明，这些地方使用的砂浆中都含有碳酸钠的成分，也就是俗称的苏打。人们在制作玻璃的过程中会用到碳酸钠，不知道当时的人是不是有意识地使用了这种矿物质，它确实也可以起到让砂浆加速硬化的作用。[2]

砂浆都是在工地现场进行搅拌的，这个过程大约需要一整天的时间，因为生石灰如果没有彻底溶于水，即所谓的没有熟化，就有可能给砖砌结构造成损害。搅拌工作要在穹顶上进行的另一个原因是人们得在砂浆还没凝固之前将它涂抹到位。用起重机把石灰、沙子和水都吊到穹顶上之后，人们就在这里用水对石灰进行熟化，再往里面加入沙子。熟化的过程会产生大量的热，生石灰会膨胀，然后分解成粉末。混合砂浆的工作中存在的一个危险是工人会感到烧手，因为生石灰是一种有腐蚀性的物质，也会被用来加速尸体分解，从而减少恶臭和教堂墓地内疾病传播的危险，还有些皮革工人会用它来去除兽皮上的毛发。

泥瓦匠们把混合好的砂浆倒到自己的砂浆板上，然后以最快的速度用泥刀把砂浆涂抹到砖块上。八支队伍中的泥瓦匠都是站在墙里，从里向外砌砖的，随着建筑的不断增高，每层砖之间的层间接缝都开始有所倾斜。两层穹顶是同时建造的，内层墙壁的平均厚度是 6 英尺，大约是 10 块砖的宽度；外层墙壁要薄得多，只有内层墙壁厚度的 1/3。

工程的进展速度比较缓慢，因为八支泥瓦匠队伍都必须等待前一层砖足够坚固了才能开始砌新的一层。据估计，工程进展的速度大约是一周都砌不完一层。[3]这意味着穹顶增高的速度大约是一个月 1 英尺。使用拱架建造穹顶的速度比这快得多，因为木制拱架支撑时间长了可能会发生"蠕变"。不过建造像这个穹顶一般尺寸的建筑的速度不可能快到足以避免拱架变形——这也是不使用拱架建造穹顶的原因之一。

砖块的黏附力还不是菲利波此时要担心的唯一问题。这个阶段对于泥瓦匠队伍来说也是一段非常危险的时期，他们不得不站在向内侧倾斜很大角度的墙壁内工作。用拱架建造拱顶时，支撑拱架的复杂的鹰架能够为工人们提供一系列令人安心的防坠落安全设施，既能接住坠落的人，又能遮挡人们从高处向下看的视线。然而，在建造圣母百花大教堂的穹顶时，工地上什么都没有：泥瓦匠们沿着穹顶的边界移动时就只能依靠所谓的"桥"（ponti，一种用柳条编成的窄平台，由插在砌体里的木棒支撑），而他们下面就是张着吞噬生命的大嘴的深渊。为了平息泥瓦匠们的担忧，菲利波在穹顶内部造了一个"阳台"（parapetto）。这个装置设计得非常精巧：它是一个从砌体里凸出来的悬挂式脚手架，脚手架四周都竖着木板，"阳台"形成的作业平台比"桥"宽得多，它既是一个安全网，又是一个视线屏障。这第二个作用似乎更加至关重要，根据文件记录，该装置的目的是"防止泥瓦匠向下看"。

　　工地上还采取了其他安全措施。在高处工作的泥瓦匠们身上系着皮质的安全绳，他们携带的葡萄酒必须是稀释过的，酒里面要加 1/3 的水，这样的酒在平时都是给孕妇准备的。任何没有遵守这一饮酒规定的人都会受到 10 里拉（lire）的罚款，这相当于白干了 11 天的活。工人们也不可以使用起重机的大桶调运工具和午饭，更不能用起重机运送工人上上下下。工人还被禁止钻进大桶里，在半空中摆来摆去地抓那些在穹顶里筑巢的鸽子。鸽子对于泥瓦匠来说一直是个麻烦。在建造威斯敏斯特教堂时，人们不得不支起帆布来阻挡鸽子在尚未完工的石料和横梁上筑巢。在这条规定生效前，泥瓦匠们总是大着胆子在圣母百花大教堂抓鸽子，然后一饱口福。画眉也会遭遇相同的厄运，因为肉食对于工人们来说是极为稀有的奢侈品，通常

96

只有在礼拜天才能吃到。

这些各种各样的安全措施似乎起了一些效果。根据记录，自 1420 年建造南侧祭坛时发生了两起工人丧命的事故之后，只有一位名叫南诺·迪·凯洛（Nenno di Chello）的泥瓦匠在 1422 年 2 月坠落身亡。考虑到受雇工人的数量，他们从事的工作的危险性质，以及工程耗时之长，这样的安全纪录几乎可以算是个奇迹了。

泥瓦匠们面临的另一种风险是失业。随着两层穹顶逐渐增高，穹顶的周长也在逐渐缩小，需要砌的砖也就越来越少，需要的泥瓦匠自然就会变少。1426 年 4 月，有 25 名泥瓦匠被辞退了，这次裁员正是由一场劳动争议引发的。马内蒂宣称泥瓦匠师傅们在违反佛罗伦萨法律的情况下"自私地结成了工会"，并通过组织罢工来要求提高薪酬。关于工作环境的争议可能也是引发罢工的原因之一。这样的罢工在佛罗伦萨并不罕见，因为大权在握的行会头头不愿授予工人们任何权利，只有这样才能依靠剥削来维持行会头头的兴旺发达。工人们早在前一个世纪里就已经开始举行罢工和秘密集会，还会投掷石块破坏财物，工人协会也是从那时开始兴起的，当时甚至出现了大规模的暴动。[4]最著名的例子是 1378 年的"梳毛工"起义（Ciompi uprising）。城市中最受压迫的羊毛工人群体奋起反抗自己的老板，引发了巨大的骚乱，他们放火烧毁了贵族家庭的宫殿，短暂地控制了共和国政权。

97　　在圣母百花大教堂的工地上，这种革命是绝不被允许的。菲利波在处理这些问题上毫不留情，他立即解雇了这些泥瓦匠，用伦巴第人取而代之——这个技巧也成了工会最喜欢采用的解决办法。发现自己失业之后，被辞退的泥瓦匠们谦卑地祈求菲利波许可他们重新获得雇佣。瓦萨里在讲这个故事时兴奋地提到菲利波虽然重新雇用了这些人，但他们的薪水都被降低了，"这些人本以为自己可以有所收获，结果却失去更多。他们把怒火指向菲利波，不过这么做只会让他们自己受到损害、尽失颜面"。[5]

起初，泥瓦匠肯定会和采石工及五金匠一样，对于总工程师想让他们干什么感到一头雾水。穹顶上的垒砖方式与菲利波为穹顶设计的其他任何东西一样复杂、新颖。砖块并不是被水平地垒起来就可以了：两层穹顶的每一圈砖层上间隔相同距离的地方都要砌一些体积稍大的砖块，这些砖块是立着放的，也就是与水平方向的砖层垂直。这种有角度的砌砖方式就是1426 年修正案中提及的"鱼骨"（*spinapescie*）连接：每一块这样直立起来的砖块能够横穿四或五层水平方向的砖层，从而形成一条斜向的条带，一直延伸到穹顶顶部，组成一种"之字线"或"人字纹"的图案。菲利波肯定知道这种由直立的砖块形成的螺旋式条带部位会成为受力薄弱面，因为它们抵挡可能导致穹顶开裂的环向应力的能力不如依照传统砖块连接方式砌成的砖层强。[6]既然如此，菲利波为什么还要选择这种鱼骨连接方式呢？

菲利波选择这种方式的原因隐藏在拱券和穹顶的特殊结构性能背后。穹顶是依照拱券的原理建造的，如我们所见，拱券上的石料是靠因它们自身的重量而产生的相互之间的压力来保持原位的。一旦穹顶建成，圆周上的每一块石料都会相互挤压，成为像拱券一样能够自己支撑自己的构造。不过问题在建造穹顶的过程中就已经产生了，因为这些环形不可能是同一时

98

用鱼骨连接方式砌的砖

间一下子建成的。因此在所有环形建成之前，通过某种形式获得一些暂时的支撑就是必要的，因为只要穹顶还没有闭合，砌体的倾向就必然是向内倒塌。

菲利波采用鱼骨连接方式就是为了抵消这种倾向。从水平方向的砖层上竖起的砖块能够发挥"夹子"（*morse*）的作用，这个说法是大教堂后来的总工程师之一，乔瓦尼·巴蒂斯塔·内利在 200 多年以后考察穹顶时提出的。根据自己的观察，内利意识到菲利波从第二圈砂岩石链的高度开始采用了一种不同的砌砖方式，那里正是墙壁开始向内侧倾斜的地方。这种方式能够在砂浆硬化的过程中确保竖立砖块两侧的水平放置的砖块保持原位。环形上每间隔 3 英尺左右的地方就会有一个这样向上竖起的砖块插在其他水平放置的砖块之中，它打破了水平方向的联系，将每层砖切分为几小段，每段大概包含 5 块砖，这些小段都被其两边竖立放置的砖块固定住了。两边向上竖起的砖块就像一对书挡一样，把新的一层与下面已经砌好，并已经能够自我支撑的一层连接了起来。

因此，还没有砌好的砖层虽然不能靠内部支撑来固定（因为没有使用木制拱架），但是它们可以依靠来自两侧的压力保持原位。即便是在一层砖还没有砌完，砂浆也没有硬化之前，每一小段砖块就已经形成了一种能够自我固定的水平方向的拱，它足以抵挡重力带来的向内的拉力。鱼骨式连接这个新颖的体系是菲利波采用的避免使用复杂拱架的解决办法的一部分，因此对于穹顶的结构至关重要。阿尔贝蒂后来在《论建筑》（*On Architecture*）中提到这种连接技巧时说它是能够不用拱架建造穹顶的关键，因为这种连接方式将薄弱部分与强力部分结合在了一起。他还用人体构造来做比方，"因为骨头连着骨头，筋腱连着肌肉，所以人才能够向着各个方向随意活动"。

菲利波究竟是从哪里学到这种鱼骨连接方式的也是关于穹顶的一个未解之谜。这种样式肯定在几个世纪之前就已经为泥瓦匠和砌砖匠所知。罗马人大量使用过一种被他们称为"穗状结构"（opus spicatum）的连接形式，这种纹路还可以在英格兰的都铎王朝时期的半木半砖结构房屋中找到。然而，在这两个例子中，这种纹路的意义都是装饰性而非结构性的——实际上，罗马人只有在给自己的大宅地板铺地面时才会使用这种花纹。[7]

向更远一些的地方看去，佛罗伦萨的穹顶上使用的相互连接的砖块肯定也在波斯和拜占庭的某些穹顶上出现过，这使得有些学者猜测菲利波大概到访过那些地方。考虑到意大利与小亚细亚地区的贸易联系（对于 13 世纪的意大利人来说，这种关系太为人所熟知了，所以马可·波罗认为没有必要对其进行描述）以及菲利波在 1401～1408 年的"不知所终"，这种假设并非完全不合理。还有一种可能是，他从自东方返回的商人那里获得过二手资料，甚至可能就是从在佛罗伦萨的很多穆斯林奴隶口中听说了这些信息。在佛罗伦萨，没有哪个富有的家庭缺得了几个这样的奴隶，彼特拉克（Petrarch）称他们为"内部敌人"，他们都是从近东地区来的，有些是土耳其人，有些是帕提亚人，还有些是迦勒底人。[8]不过，大部分奴隶都是青春期的少女，她们对于塞尔柱帝国（Seljuk）的拱顶技术能有什么了解呢？

考察了穹顶的砖砌结构之后，内利确信这个方法也会被使用在其他敢于构想庞大结构的建筑上。他写道："采用这种方式，很多巨型的带曲度的结构都可以想建多高建多高，而不需要建造拱架或鹰架。"菲利波的另一个设计——圣神教堂的穹顶也是采取这种方式建造的。小安东尼奥·达·圣加洛在接下来的 16 世纪里也采用了这种方式。不过，内利的理论并没有在圣母百花大教堂以外的地方接受过实际的测试。原因很简单，那就是至今仍然没有人建造出比菲利波的伟大的穹顶更宏大的结构。

第十二章　一圈接一圈

　　《创世记》告诉我们，在大洪水之后，地上的人还都说着
同样的语言。诺亚的一些后代向东迁移到巴比伦尼亚
（Babylonia，相当于今天的伊拉克）。这些巴比伦尼亚的新居
民为了让自己名垂青史，决定建造一座伟大的城市，并给它取
名为巴别（Babel），意思是"上帝之门"。"他们说：'来吧！
我们来建一座城，城里要有塔，高达云霄。'"

　　后面的故事我们自然都很熟悉了。这是一个关于人类的野
心和傲慢的寓言，更具体地说，是建筑师的野心和傲慢。巴别
的居民使用烧窑里烧制的砖块，结合砂浆和焦油，建造出一座
高度惊人的宏伟建筑。不过在这座高塔彻底完工之前，由于对
他们想要通往天堂而感到愤怒——人类怎么敢奢望建造超出上
帝安排给他们的地上之外的建筑，上帝于是搅乱了建造者之间
的语言，让他们听不懂彼此说的话。毫不意外的，这个充满野
心的计划就这样令人遗憾地半途而废了。

　　今天的评论者推测巴别塔的故事其实就是古代希伯来人为尝
试解释那些体型巨大，已经被半损毁的金字形神塔（ziggurat）而
想出来的故事。实际上，那些金字塔是由苏美尔人（Sumerians）
建造的，苏美尔文明是世界上最古老的文明之一。这个故事还
被用来解释语言的多样性问题，它告诉我们使用着五花八门的
新语言的巴别城中的居民（Babelites）在抛弃了巴别塔之后分

散到了世界各地，形成了新民族，且每个民族都有自己的语言。不过这个故事还很像建筑师版本的"人的堕落"。想要到达天堂，与上帝较量的企图会让人联想到亚当和夏娃渴望获得伊甸园中的智慧禁果的野心。宏伟的高塔就好像是以建筑形式出现的生命树，如果任凭它成为联通人与上帝的桥梁，那么造物主与它的创造物之间的区别就有可能被抹去。

建造大型建筑一直是一个存在道德争议的问题。[1]不少罗马学者并不赞成建造过分宏伟的建筑的做法，要么是因为它们不实用，要么是因为建造它们耗费的成本太高，比如普鲁塔克就曾谴责罗马皇帝图密善（Domitian）建造的巨大的浴场和宫殿。普林尼和弗朗提努斯都激烈地抨击过世界七大奇迹，前者还评价它们不过是国王们愚蠢地炫耀财富的结果；与之形成鲜明对比的是，弗朗提努斯的高架渠尽管体型巨大，但是它具有向罗马市民运输清洁的水的重要作用。

在 12 世纪，西多会修道院院长克莱尔沃的贝尔纳（Bernard of Clairvaux）谴责在法国各地大肆兴建的哥特式新教堂的高度过高。类似的质疑在莱昂·巴蒂斯塔·阿尔贝蒂的文章中也有所体现，他像普林尼和弗朗提努斯一样批评金字塔不过是追求虚荣的产物，还说埃及人建造的这种"怪异的"建筑简直是"太疯狂了"。鉴于这样的表态，他对于圣母百花大教堂穹顶的积极评价来得令人意外（还说穹顶的优点之一恰恰就是它的体积之大）：

　　哪怕是心胸狭窄或铁石心肠的人看到如此宏伟的建筑，也要忍不住赞美建筑师皮波！直插云霄的大教堂投下的影子面积惊人，可为整个托斯卡纳地区的人遮阴，更何况，它还是在没有使用拱架支撑的情况下建造起来的！

　　说大教堂的穹顶可以庇护所有人可能是对埃及金字塔的一 102
种暗指，因为据说一个人要花好几天的时间才能走出后者投下
的阴影范围。[2]阿尔贝蒂为穹顶的巨大尺寸寻找的正当理由是它
能够证明人拥有上帝赐予的发明和创新的能力，以及佛罗伦萨
的商业和文化都优于其他地方。菲利波和他的泥瓦匠们似乎还
取得了建造巴别塔的人们没能取得的成就，因为穹顶"直插
云霄"，这实现和超越了巴别城中不幸的人们关于"高达云
霄"的渴望。

　　1428 年，从流放中返回佛罗伦萨的阿尔贝蒂在第一次看
到尚未完工的穹顶构造之后不久就写下了前面这段著名的描
述。富有的阿尔贝蒂家族在此 17 年前曾经被逐出这座城市，
当时才四岁的莱昂·巴蒂斯塔·阿尔贝蒂是在帕多瓦和博洛尼
亚长大的，后来他因自己关于绘画和建筑的著作而出名。1428
年时，他能完成的惊人壮举也被传为佳话，据说他英勇过人，
能用弓箭射穿铁质护胸甲，还能连续踩着十个人的肩膀跳过
去。阿尔贝蒂拥有的不计其数的其他成就还包括：他是一位驯
马师，撰写过关于航海技术和他的宠物狗的习性的论文，还发
明了一种用来编制密码的圆盘（可以算是恩尼格玛密码机的
一种雏形）和一种用来勘查罗马古迹的星盘。阿尔贝蒂似乎
对什么都充满兴趣：希腊语、拉丁语、法学、数学和几何学。
不过他尤为关注的还是建筑，特别是菲利波的穹顶。有一个传
说甚至称力大无穷的阿尔贝蒂能把苹果扔过穹顶顶部。

　　对于阿尔贝蒂，也是对于佛罗伦萨的所有人来说，看着穹
顶在城市上空一天天长高一定是那个年代里最经久不衰，也是

最激动人心的景象。阿尔贝蒂大概算得上兴趣最浓厚，见识也最广博的观察者之一，他作为一名值得信任的目击者，证明了一件被后来很多作者质疑的事情——穹顶真的是在没有使用木制拱架的情况下建成的。阿尔贝蒂对于观察这项被他称为"人们根本不敢相信"的工程奇迹非常着迷，他说一个多边形穹顶之所以可以在不使用木制支撑体系的情况下建成，肯定是因为"厚墙壁内部包含着一个真正的圆形穹顶"。

103　　穹顶建成一个世纪之后，佛罗伦萨诗人乔瓦尼·巴蒂斯塔·斯特罗齐（Giovanni Battista Strozzi）形容圣母百花大教堂的穹顶是"一圈接一圈"（di giro in giro）建成的。这个表述无疑指的是圣母百花大教堂的砌砖方式：每铺完一圈砖块之后，泥瓦匠们都要等待这一层砌体中的砂浆干透之后才能开始铺下一层。就算诗人是出于比喻和诗意需要而特意做出了偏离实际的描述，但"一圈接一圈"的形容依然会让人觉得有些奇怪，因为任何看到穹顶的人都无疑会认定一个事实，即穹顶的形状是八角形而非圆形。实际上，建造穹顶之所以如此困难的原因恰恰就在于它不是圆形的。既然如此，阿尔贝蒂所说的多边形穹顶的"厚墙壁内部包含着一个真正的圆形穹顶"，以及斯特罗齐形容的"一圈接一圈"究竟是什么意思呢？

　　虽然鱼骨式的砌砖方式已经很精妙了，但仅凭这一种措施并不足以防止穹顶向内坍塌。菲利波真正的天才之处在于他创造出了一种内在的圆形骨架，而外部的八角形结构其实只是在104　这个骨架的基础上形成的造型。也就是说，人们在建造穹顶厚墙壁的过程中，就在穹顶的两层墙壁里各包含了一系列连续的圆环构造。如我们看到的那样，穹顶的内层墙壁比外层厚，最厚的地方7英尺，最薄的地方5英尺。根据这一尺寸计算，墙壁内部中间位置足以包含一个墙壁厚度大约 2.5 英尺的圆形拱顶。20 世纪 70 年代，通过对穹顶进行测绘而确定了这种建筑形式的英国结构工程师罗兰·梅因斯通（Rowland Mainstone）是这样解释这个问题的：内层穹顶是被"当作一个圆形穹顶建造的……只不过圆形墙壁的内侧和外侧都被切掉了一部分，最终就得到了这样一个八角形回廊拱的形状"[3]。之后，人们再用鱼骨连接方式来固定从这个圆环上凸出来的那些砖块，也就是在内层穹顶上的不属于 2.5 英尺厚的水平圆环形状之内的砖块。

人们在建造外层穹顶时遇到了一种两难的处境。穹顶底部的墙壁厚度只有 2 英尺多，而顶部最窄的地方刚刚超过 1 英尺，所以这个厚度有限的墙壁内部根本不可能再包含一个圆形拱顶。那么要怎么建造外层穹顶才能让它像内层穹顶一样实现自我支撑的目标呢？从某些方面来说，这个问题会好解决一些，可能的解决方法包括在两层穹顶中间建造小型的拱架体系，通过内层墙壁来支撑外层墙壁，不过这个方法并不是菲利波选择的解决之道。

1426 年的穹顶工程修正案为人们提供了解开外层穹顶高处部分建造方法之谜的线索。除鱼骨连接之外，这里还提到了另一种砖砌构造，即在穹顶外层墙壁的内侧加装一圈水平方向的拱，"通过这圈砖层形成一个完美的圆形，它可以将外层墙壁包含在内，这样即使圆形外侧有突出的棱角，圆形内侧也依然是完整和连续的"。如修正案指明的那样，建造这个拱的目的就是"确保建成后的穹顶更加安全"。

这圈水平方向的拱建成之后肯定是充分发挥了作用，所以后来泥瓦匠们又建了八圈这样连续不断的圆环，这些环形构造

都是组成穹顶八角形外层墙壁的结构部分。穹顶的第一位考察
105 者乔瓦尼·巴蒂斯塔·内利就观察到了这种结构，不过这种
"一圈接一圈"的结构的重要性是在很久之后，当梅因斯通进
行考察时才被充分理解的。每一圈环形结构大约宽 3 英尺、厚
2 英尺，每圈之间的间隔是 8 英尺。第一圈环绕着穹顶的拱是
建在比第二条砂岩石链高不了多少的地方。站在内部走道的某
些位置上可以看见这些圆环，它们与外层穹顶的内侧墙面成直
角，且向外凸出，在八角形的每个拐角处从两侧抵住中间的拱
肋。与石料和铁组成的环形链条不同，圆环结构的目的不是抵
消横向推力，不过它们可能也可以起到将外层穹顶的重量过渡
给内层穹顶的作用。[4]这些结构只是一种临时性的措施，如果人
们认为它们看起来粗糙或碍眼，完全可以在穹顶完工后将它们
拆除。

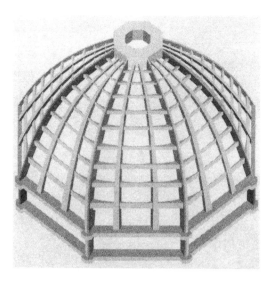

穹顶构造中的九圈水平方向的圆环

　　这九圈圆环在建造穹顶的过程中发挥了至关重要的作用。圆环是从鼓座以上大约 36 布拉恰的地方开始建造的，从这个位置往上，穹顶向内弯的曲度就超过了关键的 30°。这个事实解释了为什么这种圆环拱（以及发挥相似作用的使用鱼骨连接方式砌的砖）是从这个高度开始出现的，而在高度低一些，环向应力更强的地方反而没有。这些圆环拱是绕着穹顶一整圈建造的，所以在每个拐角的地方都会厚一些，否则被 1426 年修正案称为"可以将外层墙壁包含在内"的圆环就会被打断，那样拱就不是"完整和连续的"了。通过这种方法，外层墙壁的砌体在建造过程中也可以实现自我支撑，而不会向内倾覆了。因为这些圆环几乎是完全被隐藏的，只在两层拱顶之间的几个地方才会被看到，所以穹顶的外观看上去还是 1367 年模型要求的那种完美的八角形。菲利波这个幻象大师再一次成功利用了表面现象与内在现实之间的区别。

106

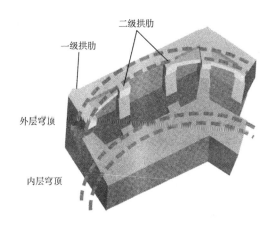

说明圆环拱如何被包含在两层八角形墙壁之中的示意图

　　乔瓦尼·巴蒂斯塔·斯特罗齐提出的穹顶是"一圈接一圈"建造的描述指的不仅仅是砌砖的方式和那些组成两层穹

顶的一圈比一圈高的环形结构，同时也是对但丁的《神曲》的一种暗指。但丁在他的作品中使用了一模一样的说法来描述天堂——他设想的天堂就是九层"一圈接一圈"的同心圆环。

107　让穹顶能够与但丁的天堂相提并论的理由有很多。菲利波是研究但丁的专家，他仔细研读过《神曲》，他的建筑直觉迫使他从几何学层面仔细计算过书中天堂的大小；此外，穹顶还总是被视为天堂的象征。无论是在东方还是西方的艺术中，一些最受敬重的庇护之地的天花板都会被与天堂联系在一起，因此人们总会在天花板表面绘制图画或使用马赛克的形式来表达自己对于天堂的设想。据说波斯人的穹顶上体现的都是人类的灵魂如何飞向上帝的过程。[5]

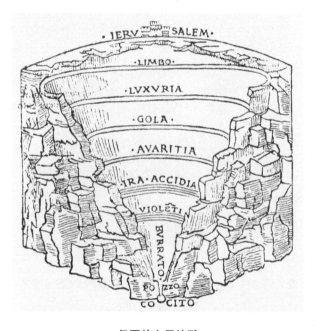

但丁的九层地狱

　　不过菲利波建造的外层穹顶的九层圆环还会让人联想到另外九个著名的同心圆，那就是但丁描述的同样由九层圆环构成的地狱。这九层圆环成圆锥状从地面深入地下，有点儿像一个被倒置的穹顶。这个对比也很恰当，因为在 1428 年时，也就是在第一层圆形拱建造完成后不久，菲利波就要开始从巅峰跌入地狱了。

第十三章　阿诺河中的"怪兽"

　　截至 1428 年春，穹顶的工程看上去一直进行得很顺利。在不到八年的时间里，穹顶已经建到了鼓座以上 70 英尺的高度。随着直径的逐渐缩小，预计接下来几年里，墙壁的增高速度还会更快。不过，菲利波将在这一年遭遇自他开始建造穹顶以来的第一次实质性的挫折，而引发失败的祸根却是一个看起来比他已经战胜的那些艰难险阻都简单得多的问题。

　　人们早在 100 多年前就已经决定，除了需要铺瓦片的地方之外，圣母百花大教堂的整个外表面都应当使用大理石进行装饰。大理石是古代遗迹常用的典型的建筑材料，不过在佛罗伦萨却不常见，如我们所知，这里使用的最多的是砂岩。除了在建造穹顶时使用了大理石之外，菲利波在他主持建造的其他建筑上都没有选择这种材料。与砂岩的常见不同，佛罗伦萨附近的大理石资源非常稀少。要从远处将这种材料运来此地，同时避免运输途中出现损坏是一项无比艰难且责任重大的工作。即便如此，圣母百花大教堂的规划者们还是下令使用三种颜色的大理石来装饰大教堂的外立面：第一种是被称为"绿色草甸"（*verde di Prato*）的黑绿色大理石，第二种是被称为"红石"（*marmum rubeum*）的红色大理石，第三种是被称为"白石"（*bianchi marmi*）的白色大理石。脆弱易碎的白色大理石是用来包裹穹顶的八根巨型拱肋的。1425 年 6 月，大教堂工程委员会签订了订购 560 吨白色大理石的合同。

白色大理石是由位于佛罗伦萨西北 65 英里之外的卡拉拉（Carrara）的采石场供应的。这个遥远地方出产的大理石拥有辉煌而悠久的历史。最早开采这些资源的是罗马人，他们使用这种材料创作了《望楼上的阿波罗》［Apollo Belvedere，该雕塑于 1455 年在弗拉斯卡蒂（Frascati）被挖掘出土］，还建造了君士坦丁凯旋门（Arch of Constantine）。后来米开朗琪罗也会用这种材料雕刻出他最著名的一些作品，比如《大卫》和《哀悼基督》。实际上，米开朗琪罗在卡拉拉附近那些陡峭、闪烁着白光的山峰上花了好几个月的时间重开和检查古罗马的采石场，并梦想着在山坡上雕刻巨型雕塑。

卡拉拉的大理石是全欧洲最受追捧的材料，它也确实配得上这样的偏爱：这种石头质地坚硬，切面光滑整齐，颜色纯白，是制作雕塑和装饰物的完美选择。这样的材料必然价格不菲，但即便如此，佛罗伦萨的工程委员会还是从 100 多年前就开始进口白色大理石，并把它用在建筑物上，比如乔托的钟楼就是用这种材料装饰外立面的。共和国的市民们也要受征召为这项事业贡献力量：1319 年，工程委员会颁布的法令规定，无论何时，只要有用于建造大教堂的大理石被从阿诺河上运来佛罗伦萨，市民都有义务为此提供帮助。石料是靠开小型船只的人们运输的，主要是渔民和"捡石人"（renaiuoli），后者依靠在阿诺河数不清的沙洲上收集碎石，然后把它们提供给城中的建筑业者来换取勉强度日的收入。工程委员会方面似乎还曾尝试通过立法来建立某种组织，就像 12 世纪时在法国出现过的"狂热的拉车人"（Cult of the Carts）那样，加入其中的人因为过度虔诚而自愿为建造大教堂的工程做牛做马，负责用货车把石料从采石场运到工地。

从卡拉拉获取大理石，并将它作为建筑材料是一项错综复杂、必须小心翼翼地进行，有时还会充满危险的工作。开采大理石与在特拉西尼亚采石场开采砂岩的方法相似，先由采石工利用各种工具把大理石石块从岩层上切割下来——他们会用到镐、锤子、撬棍、楔子，甚至是沉重的长柄斧来敲开巨大的石块。采石工除了必须身强力壮外，还得了解关于矿层的具体知识，还要有能够顺着或逆着纹理，按照指定的尺寸和形状切割石块的能力。被粗略切割成型的石块还要由手艺更精湛的工匠按照模具加工至精确的尺寸和形状。他们使用的工具更加多种多样，这些工具都是用热处理过的铁制成的，只有这样的工具才能被用来凿刻以不容易加工而闻名的大理石。工匠会用一种带尖头儿的凿子（subbia）把大理石的所谓"倒数第二层皮肤"（penultima pelle）以上两英寸厚度之外的部分都凿掉，然后换成一种刃中间带凹槽的凿子（scarpella）继续加工，最后再用形状厚度各异的锉刀（lima raspa）打磨。

用这些工具给石块凿出恰当的几何轮廓后，还要再对石料表面进行三四轮抛光。第一次抛光是在石头表面撒一层粗沙，然后用铁板进行摩擦，将不平整的地方磨平。第二次抛光是用细沙或磨刀石的粉末摩擦。第三次是用被称为"擦亮石"（tripoli）的粗糙的红色石灰石粉末抛光。最后一次是用二氧化锡制成的油灰抛光。经过这些打磨工序后，大理石就会像玻璃一样光滑了。

在采石场处理大理石有降低运输成本的优点，运输加工完毕的成品比运输更沉、更笨重的粗削石块方便一些。不过要保证石料在路途遥远、地形复杂的运输过程中完好无损也绝不是一件容易的事。检验合格后的石料会被起重滑车吊起来，放到停在蜿蜒曲折的道路中的货车上：这两个过程都需要万分小心。人们先用货车把石料运到卡拉拉，那里是一个繁忙的城镇，镇里的大教堂和主要建筑都是用闪耀着光辉的白色大理石建造的。在卡拉拉交了出口税之后，人们就可以把石料送到几英里之外的疟疾肆虐的海岸边，那里有一个名叫卢尼（Luni）的年代久远的罗马港口。工人们在这里通过木制滚轮将石料推到水边，再用踏车起重机将石料吊上驳船。运输船从这里进入利古里亚海后，还要经历一段格外凶险的航程。1421 年时就有一条驳船在暴风雨中失事，一船本来计划作为穹顶雨水槽檐口的白色大理石沉入了海底。完成 25 英里的海上航行之后，驳船将抵达阿诺河的河口，接下来它就要逆流而上，绕过一个个沙洲和浅滩，向着佛罗伦萨驶去。

111

　　工程委员会将部分大理石出售给佛罗伦萨的富人作为墓碑材料，然后用这部分收入支付从卡拉拉采购石料的费用。不过有那么几次，原本打算用来给去世的地方官员和毛料商人做墓碑的大理石最终还是成了穹顶上的建筑材料。1426 年 7 月，由于运输费用太高导致高质量的大理石供应不足，所以工程委员会下令利用墓碑，当然只是那些保存在仓库中还未派上用场的石材，而不是已经立在坟墓里纪念死者的墓碑。不过，此时人们显然已经清楚地意识到，他们必须找到一个成本低廉、简便易行的方法来获取他们需要的宝贵石料。一如既往地野心勃勃、善于创造的菲利波自然早已经备好了锦囊妙计。

　　水路运输比陆路运输的成本低得多，因为后者要面对变幻无常的地形和天气，还要受到役使牲畜是否听话、能承受多大的负荷，以及货车本身结实与否等诸多因素的影响。举例来说，通过陆路运输谷物到佛罗伦萨的成本是沿阿诺河运输成本的 12 倍。[1] 不过因为阿诺河上的水势难以预测，河水的流量和流速都会因为季节和天气的变化而表现出巨大差异，所以沿阿诺河进行水上运输也是充满困难的。从佛罗伦萨到比萨这一段 50 英里长的河段在炎炎夏季里会被淤泥严重阻塞，几乎只剩一条涓涓细流。阿诺河与泰晤士河之类的河流还有一个区别是这里几乎没有潮涌，所以河水无法将船只托起。从比萨来或向比萨去的大帆船有时不得不借助河边的大树，通过岸上的绞盘来拖拽船只前进。在雨季中行驶于阿诺河上就更艰难了。到了春天的洪水季（piena），水流会变得激烈凶险。沿着亚平宁山脉奔涌而下的水流会侵蚀河岸、冲毁桥梁，经常不断地造成佛罗伦萨和比萨城中洪水泛滥。即便是在最理想的情况下，平底驳船最多能够逆流而上航行到锡尼亚（Signa）的港口，那里距离佛罗伦萨城门还有 10 英里，但是因为该河段的水很浅，还有无数浅滩，所以驳船是无法航行的。这样导致的结果就是，所有货物还是必须被改由陆路运输，放在铺着装满稻草的袋子作为保护措施的货车上，由骡子拉着走完前往佛罗伦萨的最后一段路。

112 　　人们为了解决阿诺河变幻无常的水流问题而尝试过各种办法，比如用挖泥船疏浚河床上的淤泥。这种船的船尾上有传动轴连接的木桶或铲子，它们能够依靠踏车提供的动力舀起淤泥。不过，只要再发洪水，淤泥就会重新堆积起来，河岸两边都会被洪水和冲上岸的沉船残骸弄得一片狼藉，但是这些东西往往还会再被洪水冲走。1444 年，菲利波作为土木工程师的最后一项工作就是在比萨境内加固圣马尔科港附近的阿诺河堤岸。几十年后，最有野心的莱昂纳多·达·芬奇计划干脆绕过阻塞的阿诺河主河道，自行挖掘一条 50 英尺宽的运河。这条运河将在阿诺河上靠近佛罗伦萨的地方从主河道上分出来，向着东北方向延伸 25 英里，穿过普拉托和皮斯托亚，然后向南拐，在比萨上游几英里外的维科皮诺萨重新汇入阿诺河的。不过这个大胆的计划一如达·芬奇的大部分计划一样，根本没有付诸实践。

　　然而在 1426 年时，菲利波设想的是一个完全不同的解决沿河运输难题的方法。在其他无数领域都做出过创新的菲利波于 1421 年获得了世界上第一个发明专利。[2] 该项专利的描述文件中称总工程师是一位"极具洞察力、智慧超群、勤学苦干、勇于创新的人"。该文件授予菲利波对于"某种机器或类似于船的工具"的垄断专利，"菲利波认为通过这种机器，他能够在阿诺河或其他任何河流及水面上轻松地运输任何商品和重物，且比通常成本低得多"。[3] 在此之前，能够防止发明者的设计被别人剽窃或效仿的专利体系还不存在。这也是科学家们大多都要使用密码，以及菲利波极不情愿与他人分享自己发明的秘密的原因。菲利波在给自己的朋友马里亚诺·塔科拉的书信里抱怨抄袭行为时狠狠地批评了无知的群众：

　　　　很多人在听取发明者的介绍时总是立即对他们的成就表现出轻蔑和否定，这使得发明者没有机会到那些值得尊敬的场合里宣讲自己的成果。然而，在过了几个月或一年之后，这些人却把发明者的话用在自己的演讲、文章或设计里，还厚颜无耻地称自己是这种曾经被他们嗤之以鼻的东西的发明者，从而将别人的荣耀揽到自己身上。[4]

113　　发明专利的产生就是为了纠正这种现状。菲利波可能已经想好了一种以更低成本、更有效率地沿阿诺河逆流运输大理石的办法，不过专利中明确说明这个发明还可以被使用在更广泛的场合里，"商人和其他人"都能因此大大受益。这种外形奇特的船刚一造好就被人们戏称为"怪兽"（Il Badalone）。根据专利文件中的条款，任何效仿这种设计建造的船只都是对菲利波的独占权的侵犯，侵权者制造的船只要被烧毁。

关于"怪兽"的确切设计我们了解得不多，即便是有了专利保护，菲利波依然担心别人仿制，所以他对于船只建造的一些关键点仍旧守口如瓶。马内蒂和瓦萨里甚至都没有在菲利波的传记里提及这一段并不能提升他们心中的英雄的光辉形象的往事。然而，这个设计从技术层面上说至少应当是新颖大胆的，配得上获得专利认证。从人们对于成品的称呼上可以看出这种船肯定很大，甚至可能是外形笨拙的。巨大的尺寸可能是这种船在运输上更加经济实惠的主要原因，不过这很可能也是这项设计最终走向失败的原因。

我们能找到的描绘这种船的唯一图纸是由马里亚诺·塔科拉绘制的。菲利波似乎很罕见地向他全盘托出了船只的构造。在塔科拉的著作《论引擎》（De Ingeneis）中，作者用图画说明了一个带 14 个轮子的货车把采石场的大理石运到河边，然后如何被改装成一条可以由划艇拖着走的筏子。我们了解到菲利波在 1427 年的时候曾向工程委员会借用了绳子来拖拽"怪兽"。因此，这种船的构造肯定包括了一个巨大的，像筏子一样的木制平台。这个平台很可能是依靠木桶之类的浮力装置漂浮起来的，同时需要被另一条船拖着前行，或者是靠岸上的沿着拖船路前进的牛来拉动。不过即便是像塔科拉这样技艺高超的工程师似乎也不能搞明白这个设计：他尝试用文字描述"怪兽"，却发现自己没有这个能力。最后他泄气地写道："要知道的是你不可能解释清楚每一个细节，因为奥妙存在于建筑师的思维和智慧中，而不是文字和图画中。"

不管这种船的设计究竟是什么样的，它的第一次，也是唯一一次为人所知的航行是运送要被用来装饰穹顶拱肋的大理石。在工程委员会不得不使用墓碑做建筑材料一年之后，菲利波获得了一份负责从比萨运输 10 万磅白色大理石的合同。凭借自己天才的设计，菲利波估计自己能够将运输成本降低近一半，即从每吨 7 里拉 10 索尔迪（soldi）降低到 4 里拉 14 索尔迪。

114

塔科拉绘制的"怪兽"

然而，并不是所有人都持有同样乐观的看法。"怪兽"似乎从建造之初就成了被人们嘲弄的对象，成了那些一度被菲利

波的惊人成功所震慑的敌人们用来将他打倒在地的大棒。其中
叫嚣得最厉害的又是菲利波的老敌人乔瓦尼·达·普拉托，他
为了攻击菲利波以及他的新发明还特意写了一首十四行诗。乔
瓦尼在诗中尖刻地将这种船描述为"水鸟"（*acque vola*）。这
种描述暗示了"怪兽"可能就像密西西比河上的蒸汽船一样
也有桨轮，这些桨轮在水中转动时的景象也许类似一对怪异的
翅膀在拍水——这可能就是让乔瓦尼联想到这样的蔑称的原
因。在此基础上，没过几年，就有人设计出了依靠踏车来提供
动力的桨轮。

锡耶纳发明家弗朗切斯科·迪·乔焦（Francesco
di Giorgio）绘制的带桨轮的船的草图

乔瓦尼的诗文极尽侮辱之能事，相比之下，他早期对于穹顶外形轮廓不合格的指责都算得上温和收敛了。这一次他不仅嘲弄著名的总工程师是“无知的傻瓜”“可悲的畜生”和“低能儿”，甚至赌咒发誓说如果菲利波的计划成功了，他就去自杀。菲利波可不是会默默承受这样的侮辱的人。他可能没有多高的文学造诣，但他对于舞文弄墨也不是一无所知。他研究过但丁的作品就是证明，所以菲利波也写了一首同样尖酸刻薄的十四行诗。他在诗中嘲笑他那位尊贵的对手是“长相怪异的畜生”，根本不可能理解他（菲利波）的设计中蕴藏的精妙。这样的言辞往来中充斥着仇恨与厌恶，以至于没过多久，菲利波就和其他许多佛罗伦萨市民一起被要求发誓，承诺“忘却伤害、放下仇恨，彻底摆脱派别和偏见的束缚，只为共和国的兴旺、荣耀和伟大贡献力量，将至此时为止所有他人因为出于团体、派别或其他原因，一时冲动做出的冒犯都抛诸脑后”。不过在接下来的几年里，菲利波会发现，要遵守这个誓言真的很难。

最终，乔瓦尼·达·普拉托并没有被要求履行他许下的可怕的自杀承诺。不过“怪兽”的大业从头到尾都经受着各种困扰。虽然这个设计在1421年就获得了专利认证，但它的处女航是在七年之后才进行的。鉴于最初的专利保护期只有三年，所以菲利波的专利至少已经申请过一次续期了。1426年夏天，菲利波到比萨去与水运事物管理者商谈增高城市防御设施的问题。他应该是趁此机会与对方协商了“怪兽”的航行事宜，因为水运事物管理者是负责审查从比萨通过的船只及船上搭载的货物，并为所有从阿诺河上航行的船只颁发许可的官员。“怪兽”甚至有可能就是在比萨建造的，因为那里的造船

115

116

匠一直很有名望。1422 年驶向亚历山大的佛罗伦萨海军新舰队就是在比萨的造船厂里建造的。不管怎么说，到了 1428 年 5 月初，菲利波的新型船只搭载着 100 吨的白色大理石从比萨的码头出发了，城中另一个著名的失败工程——比萨斜塔——仿佛预示了这次技术上的尝试恐将以失败告终。

我们无法确定灾难发生的原因究竟是设计缺陷，是阿诺河上凶险的沙洲和水流，还是其他什么不幸："怪兽"的命运没有被详细记录下来。不过我们可以确定船只不但没有抵达佛罗伦萨，甚至都没有撑到锡尼亚。"怪兽"不是沉没了就是在距离比萨 25 英里的恩波利附近搁浅了，船上的所有货物都损失了。那之后不久，工程委员会中焦虑难安的官员们通知菲利波，让他在"在八天之内……用小船把'怪兽'从比萨运到恩波利的白色大理石送到大教堂"。

这个命令并没有被按时执行。运输计划失败两个月后，菲利波才买到 240 磅重的绳子，可能是用来打捞受损的"怪兽"的，也可能是为了挽回船上的货物的——这样的场景不能不说是一个大大的羞辱，乔瓦尼·达·普拉托无疑会好好享受这个在他预料之中的结果。我们不知道菲利波做了哪些力求挽回沉入阿诺河的石料的尝试，但是塔科拉的草图上画着两条装满石料的拖船拉起了一个沉入水中的大理石石柱的内容。这样的打捞方式激发了 15 世纪很多工程师们的智慧和想象力，由此引发一些人尝试设计了潜水服。无论是塔科拉还是弗朗切斯科·迪·乔焦都发明了多种呼吸装置和水下面具，还有一些能够让潜水员上升或下降的充气囊。这些设计在 1446 年时都派上了用场，当时阿尔贝蒂依靠热那亚的潜水者，从内米湖（Lake Nemi）底打捞起了一条卡利古拉沉船的部分船体，这算得上

15 世纪最著名的工程壮举之一。

然而，菲利波在阿诺河上的打捞工作并不成功。大概四年半以后，工程委员会还在督促菲利波履行用"怪兽"运输 100 吨大理石到佛罗伦萨的合同，可见委员会对于"怪兽"的态度还是比较乐观的，也说明"怪兽"在上次的事故中并未受到毁灭性的损坏。1433 年 3 月，巴蒂斯塔·丹东尼奥被迫又开始采取把作为墓碑的石料挪用到穹顶工程中的老办法了。到当年夏天，工程委员会才终于对菲利波以及它不听使唤的大船失去信心。他们与另外三名承包商谈妥了运输 600 吨大理石到佛罗伦萨，吨价 7 里拉 10 索尔迪的合同。这个价格几乎是菲利波的报价的两倍。

菲利波用自己的钱建造"怪兽"并订购了所有的大理石。这次冒险让他一共损失了 1000 弗洛林币，相当于他作为总工程师十年的收入，也是他个人财产的近 1/3。这对于想要通过自己的发明大捞一笔的菲利波来说肯定是一次残酷的打击。更糟糕的是，他作为当代阿基米德的声誉因此受到了玷污。几年之后，他的名望还会遭遇更大的损害，因为他的另一个精妙计划再一次以灾难性的失败告终。

第十四章　卢卡溃败

　　在"怪兽"起航几周之前，菲利波曾经骑着马到附近的山坡上监督从特拉西尼亚采石场开采更多砂岩的工作。穹顶已经建了100多英尺高，这意味着泥瓦匠队伍此时正在距离地面270英尺的地方，也就是相当于20层楼的高度工作。穹顶向内弯的角度比以往任何时候都大，泥瓦匠们该开始准备嵌入第三条砂岩石链了。1429年年初，砂岩条石陆续被送到了主教堂广场上。为了做好铺设石链的准备工作，菲利波还给"卡斯泰洛"更换了一套新的滑轮。

　　虽然"怪兽"的失败让菲利波很没面子，但大教堂工程委员会还是对菲利波的发明和设计充满信心。1396年建造的踏车"大轮子"已经被后来的威力巨大的牛拉起重机所取代，建造几个祭坛的拱顶时用来制作拱架的木材也都被变卖了。这后一个举动尤其证明了监管者们对菲利波有多么深信不疑。十年前，他们对菲利波的计划充满担忧，如今，他们显然已经被彻底说服，一致认可不依靠木制拱架也能建成穹顶——毕竟，

建成一半的穹顶就摆在他们眼前，这不就是证据吗？实际上，他们对于穹顶将顺利建成这件事无比确信，以至于曾经无比神圣的，由内里·迪·菲奥拉万蒂在1367年制作的大教堂模型干脆被改作了工程委员会的盥洗室。

　　然而，第三条砂岩石链的铺设并不如预计的那样顺利，实

际上，工人们最终花费了四年时间才完成这项任务。穹顶工程至此即将遭遇第一次严重拖延。工程进展最初是从 1429 年夏天开始慢下来的，因为中殿东端的侧面墙壁上出现了裂纹，而且这面墙正是最接近穹顶的墙壁。"怪兽"的失败刚过去不到一年，菲利波就突然发现自己面临着一个后果可能更加不堪设想的严重灾难——看起来，已经建成的那部分教堂构造可能根本无法承受穹顶的巨大重量。

工程委员会内部并没有立刻出现恐慌的迹象。监管者们向菲利波询问了情况，后者一如既往地提出了一个冒险的建议：他认为墙壁出现裂纹正好提供了一个对整个大教堂进行改造的机会。菲利波此时设想的是一个与 1367 年模型完全不同的建筑，不过这个建筑仍然是模仿内里·迪·菲奥拉万蒂的另一个设计——位于阿诺河岸边的哥特式圣三一教堂（Santa Trinita），那个建筑是内里在一个年代更加久远的建筑的基础上翻建的。遵循内里的先例，菲利波提议在大教堂的侧廊边建造一排小礼拜堂。

菲利波已经在佛罗伦萨的其他教堂中建造过不少这样的小礼拜堂，在圣费利奇塔教堂中的巴尔巴多里堂和圣雅各布教堂中的里多尔菲堂就是这样的例子。1428 年时，他还开始重建圣神教堂里的奥古斯丁教堂，他计划在这个教堂周围建造至少36 个小礼拜堂，每个小礼拜堂都将属于一个不同的家族。在佛罗伦萨，富人们的传统是将遗体安葬在某个教堂里的一个专门的小礼拜堂里（而穷人的遗体则只能被堆放在藏骸所中），比如美第奇家族成员的遗体就都被葬在圣洛伦佐教堂，帕奇家族的被葬在圣十字教堂。实际上，佛罗伦萨的教堂里挤满了墓葬，以至于 15 世纪时一位大主教提出这么多的尸体是对教堂

的亵渎。从公共卫生的角度来说，这样的担忧也是完全有道理
的：每当疫情暴发时，距离教堂最近的人家总是最先被感染
的。

　　菲利波提议在圣母百花大教堂建造的小礼拜堂将不仅仅作
为佛罗伦萨最尊贵的市民的安葬之地：按菲利波的说法，它们
还要组成"围绕在教堂周围的链条"（catena totius ecclesie），
就像哥特式大教堂侧面的飞扶壁一样，这些小礼拜堂也能起到
拱墩的作用，支撑起中殿的墙壁，以承受住因穹顶重量而产生
的向外的推力。菲利波还向监管者们保证，建造小礼拜堂一定
会让圣母百花大教堂变得更漂亮。

　　1429 年 9 月，菲利波接到了制作一个新模型的命令。尽
管监管者们对于小礼拜堂如何能让大教堂更稳固很感兴趣，但
他们也想知道菲利波要如何将小礼拜堂融入既有的构造中，因
为此时的大教堂外墙上已经装饰了大理石和雕塑。难道这些费
尽心力创作的艺术品都要被改造或拆除吗？羊毛业行会要为此
支付多少费用？然而，建造新模型的工作还没来得及开始，新
的干扰就出现了。1429 年 11 月，佛罗伦萨的雇佣兵袭击了卢
卡。位于佛罗伦萨以西 40 英里外的卢卡虽然只是一个以毛织
业和丝织业为主要行业的小城镇，但是这场战争却打得意外艰
难，不但持续时间长，还造成了严重的损害后果。

　　曾经长期同时受到瘟疫和战乱双重侵扰的佛罗伦萨在穹顶
刚开始建造的几年里享受了一段短暂的恢复期。与那不勒斯王
国的战争是在 1414 年结束的。当时发生的一场地震让那不勒
斯受到重创，再加上佛罗伦萨的敌人，好战的拉迪斯劳斯国王
（King Ladislaus）也因患热病而一命呜呼。这已经不是佛罗伦

萨人第一次身处危急时刻却因突然遇到神奇事件，从而峰回路转化险为夷了。在接下来的十年里，佛罗伦萨一直很太平，直到 1424 年夏天，佛罗伦萨又被卷入了战争。这一次，他们的敌人是新任米兰公爵菲利波·玛丽亚·维斯孔蒂（Filippo Maria Visconti）。

菲利波·玛丽亚和他已经去世的父亲詹加莱亚佐一样，都是佛罗伦萨最强大也是最无情的敌人。即便是以维斯孔蒂家族的疯狂标准来衡量，这位新公爵也足以算得上精神错乱了。他非常害怕打雷，在暴风雨来临时会躲进一个隔音的房间里；到了天气晴朗的时候，他喜欢赤身裸体地在草地上打滚。公爵极为贪吃，身材肥胖，根本无法骑马，甚至连走路都必须有人搀扶。因为对于自己相貌丑陋这件事十分敏感，所以公爵拒绝别人为他画像。公爵的第二任妻子被他囚禁了起来，原因仅仅是迷信的公爵在婚礼当晚听到了狗在狂吠，所以认定这是不祥之兆。即便如此，第二任妻子的命运已经比第一任妻子被送上断头台的结局好一些了。

菲利波·玛丽亚延续了他父亲未竟的事业：1422 年，米兰大军占领了布雷西亚（Brescia）和热那亚；一年之后，他们又拿下了弗利镇（Forlì），这里距离佛罗伦萨不过 50 英里。再接下来一年，由于托斯卡纳地区瘟疫肆虐，公爵的军队在罗马涅的扎格纳拉（Zagonara）打败了佛罗伦萨人。战争中总共只有三人阵亡，都是佛罗伦萨士兵，而且他们的死因都是从马上跌落，因为穿着沉重的铠甲无法起身，最终溺死在由于前一晚下了大雨而积水的扎格纳拉战场上。这种不怎么见血的战斗说明了中世纪和文艺复兴时期的战争其实是理性和文明的，这与流行的观点恰恰相反。很多战斗都像是在下棋，交战双方的

121

指挥官追求的是以策略制胜，输家往往是承认自己处于理论上易受攻击境地的一方。这些战争都是由雇佣兵进行的，他们出征前已经与雇主谈好了条件，就像运动员制定好了比赛规则一样。菲利波的父亲曾经是佛罗伦萨市政府的公证人，他经常参加这种与雇佣兵进行的谈判。那时他要到很远的地方去与像英国人约翰·霍克伍德爵士（Sir John Hawkwood）之类的人商谈雇用他们为佛罗伦萨效力的事宜，霍克伍德爵士在1377～1394年一直是佛罗伦萨军队的统帅。当时所有人都认可在某些特定条件下，军队不宜交战，这些条件包括在夜晚、在冬天、在陡峭的山坡上或在沼泽状的平地上。然而，战斗也不可能总是这么和和气气的：扎格纳拉一战六个月之后，佛罗伦萨人就在瓦尔迪拉蒙（Valdilamone）再度败给了米兰人，这次的代价是全军覆没。

与卢卡交战的结果比这还要糟糕。1428年4月，佛罗伦萨与米兰达成停战协议。为了庆祝这件事，人们还在圣母百花大教堂的墙壁上点起了火把。不过就在协议上的墨迹都还没干透时，佛罗伦萨人就把目光投向了自己的邻居。如很多中世纪的城镇一样，卢卡在过去也经历过许多波折，总是轮流受到其他交战国家的控制。卢卡曾被巴伐利亚人占领了长达百年的时间，曾被卖给热那亚，曾被波西米亚国王据为己有，曾被抵押给帕尔马，曾被割让给维罗纳，最终被卖给了佛罗伦萨。如今，佛罗伦萨人以卢卡的统治者保罗·圭尼吉（Paolo Guinigi）暗中支持米兰公爵为由向卢卡进军。这场战争从一开始就进行得很不顺利，共和国很快就在与一个弱小的对手的不成功的交战中陷入了困境。僵持了几个月之后，战争委员会（Dieci della Balìa）决定动用自己的秘密武器：1430年3月，菲利波·布鲁内莱斯基被派到了战场上。

中世纪时，建筑师参与军事行动的情况并不罕见。除了负责建造佛罗伦萨的大教堂，大教堂工程委员会还要负责建造佛罗伦萨领地内的所有军用建筑。因此建造圣母百花大教堂的工人们也是负责加固佛罗伦萨及其附近地区的城墙、护城河及防御堡垒的人。在着手建造大教堂地基十来年之前，阿诺尔福·迪·坎比奥就开始建造围绕着佛罗伦萨的防御城墙了。这些规模宏大的防御工事最终是由乔托在 14 世纪 30 年代完成的。两个世纪之后，米开朗琪罗还会重建这些城墙，并在圣米尼亚托主教堂（San Miniato）周围建造几座堡垒，堡垒上使用的建筑材料是由麻纤维和牛粪制成的未经烧制的砖块。达·芬奇也一直在设计可以用在城墙上的武器，包括带镰刀的战车、蒸汽式加农炮以及巨大的十字弩。

如阿诺尔福·迪·坎比奥和乔托一样，承担军事方面的工程也是菲利波职责中的一部分。在 15 世纪 20 年代，总工程师的工作非常忙碌，因为整个托斯卡纳地区的城镇都需要加固城墙，好抵御米兰人的迫击炮和攻城车。菲利波最早在 1423 年就开始参与为皮斯托亚加强防御的工作了。一年之后，他又开始在佛罗伦萨和比萨之间的马尔曼提尔（Malmantile）修建堡垒，那里是阿诺河河谷中的一个重要据点。这个堡垒用了两年时间修建完成，胸墙、城垛、塔楼和护城河等一应俱全。与菲利波获得的其他建筑委托不同，这个堡垒的设计非常传统，并遵循了一个历史悠久的防御原则，那就是即使敌人躲过了城墙上的一排十字弩射出的箭雨，又想办法穿过了护城河，他们也一定会被从胸墙上扔下的大石头砸死。

然而这些还都只是防御性的策略。到了 1430 年，人们需

123

要的是一种进攻型的武器，是一些能够一劳永逸地彻底征服固执的卢卡人的手段。佛罗伦萨人从 1200 英尺之外的地方向卢卡发射迫击炮，尽管炮击对城墙造成了严重损坏，但是卢卡人并没有因此而妥协。

15 世纪时，战争正在经历转型。前一个世纪里开始出现的火药虽然被很多人视为一种邪恶的发明，但是大口径的加农炮和重达几百磅的炮弹还是被造了出来。不过，鉴于火药（硝石、硫黄和木炭的混合物）的配方还有待完善，所以诸如攻城车、投石车和攻城锤之类的古代或中世纪的战斗工具依然被广泛应用于战场上。菲利波的朋友马里亚诺·塔科拉在 15 世纪 30 年代创作的《论机器》（De Machinis）的手稿中就同时收录了这两类武器的设计图。这篇论文里涵盖了如铰链式攻城梯和各种能够向敌人投掷巨石的样式各异的投石车，论文中还提到了射石炮和带导火线的装火药的木桶。塔科拉最著名的一项设计是在敌人的据点下面挖掘隧道，然后在里面点燃一桶火药（这个策略在 1916 年的索姆河战役中被再次使用）。没有证据证明菲利波参与了这些设计，但有些学者推定总工程师至少是其中某些设计的创造者。[1]显然，不少投石车都是靠起重机装载巨石，由平衡重提供投掷动力的，这显然是菲利波被公认的专业领域。然而，他设计的让卢卡人屈服的计划中还包含一些更具野心的内容。

卢卡是托斯卡纳地区最先接受基督教的城市，据称这里是受一位爱尔兰修道士圣弗雷迪亚诺（St. Frediano）的影响而改变宗教信仰的。传说他让因洪水暴涨而要吞噬一切的塞尔基奥河（Serchio）改变了流向，从而拯救了这座城市。菲利波也许就是受这个传说的启发，所以他提议逆向重演圣人的神迹——再次改变塞尔基奥河的走向，用大坝拦截出一个湖，把卢卡困在湖中。被湖水与周围的乡村隔绝开来的卢卡最终将弹尽粮绝，除了投降别无他法。

菲利波的计划并不是什么新鲜的点子，古代人早就会在战争中利用水利工程了。公元前510年，克罗顿（Croton）的统治者、毕达哥拉斯（Pythagoras）的保护人麦洛（Milo）曾经改变克拉蒂河（Crathis）的流向，引水淹没了与自己交战的城镇锡巴里斯（Sybaris）——考古学家是最近才发现这个位于意大利以南的古城的。大约200年之后，尼多斯的索斯特拉特（Sostratus of Cnidus）为埃及国王托勒密一世（Ptolemy I）拿下了孟斐斯（Memphis），他使用的办法是改变尼罗河的流向，让它从城镇中间流过，将其一分为二。更近一些的例子还包括佛罗伦萨工程师多梅尼科·迪·本尼滕迪（Domenico di Benintendi）曾经为詹加莱亚佐·维斯孔蒂建造过不少巨型堤坝，公爵的打算是通过这些堤坝改变明乔河（Mincio）的流向，使曼图亚（Mantua）淹没在20英尺深的洪水中。这个计划并没有被付诸实践，不过今天的人们还是可以看到位于明乔河畔瓦莱焦（Valeggio）的那些堤坝。还好公爵的另一个充满野心的计划也没有实现——他想要抽干威尼斯运河的水，那样威尼斯人就毫无招架之力了。

菲利波似乎在开始卢卡的工程之前就获得了一些关于水利工程方面的专业知识。15世纪20年代晚期，菲利波到锡耶纳征询了塔科拉的意见，因为这个领域正是塔科拉的专长。锡耶纳一直有水利学方面的传统优势，那里的缺水问题被中世纪时建造的"地下隧道"（bottim）解决了：隧道长16英里，带有过滤池和沉淀槽，它能够向城市输送清洁的水资源。在塔科拉生活的年代，城市供水能力被进一步增强了，人们还建造了许多喷泉。塔科拉创作的那份描述了"怪兽"的论文《论引擎》中也介绍了如何建造堤坝、桥梁、防洪设施、地下喷泉、高架渠及其他供水设施。

19世纪末发现的一份塔科拉的手稿中记录了菲利波来锡耶纳时与塔科拉进行对话的内容。虽然在卢卡的工程之前，菲利波并没有什么为人所知的水利工程的实际工作经验，但他在这个问题上同样表现得很有权威，还与塔科拉交换了关于修建堤坝和桥梁的最好方法的意见。他们特别谈到了地基下沉的问题。菲利波提醒塔科拉说如果河床上有大片的凝灰岩——那种总工程师曾经考虑用来作为穹顶上部的建筑材料的轻质、多孔的岩石——就应当避免向河床里打桩，因为它们会破坏凝灰岩的构造，让水流从其中流过，最终把堤坝或桥梁冲跑。这样的警告简直是一语成谶。尽管菲利波为自己的工程做了充足的理论准备，但他的巨型堤坝还是以失败告终了。实际上，在卢卡发生的灾难给菲利波的声誉造成的损害比"怪兽"撞船带来的要大得多。

由于缺乏资金，卢卡工程进展得很慢，在大坝尚未完工之前，就开始有人质疑它的强度不够。1430年5月，公证人从卢卡城外的佛罗伦萨军营里给战争委员会写了一封信，说自己在研究了菲利波的设计之后依然无法信服大坝能够抵挡住水流的强大力量。不过他的质疑都被总工程师巧妙地搪塞过去了。感到不安的公证人写道："不管我说什么，皮波都能让我无法反驳，但是我不知道这是不是因为我对这个问题了解得还不够。我们只能拭目以待了。"

佛罗伦萨军营中的其他人对于这个工程的态度还要更悲

观。佛罗伦萨军队的特派员内里·卡波尼（Neri Capponi）没有像这名公证人一样与菲利波辩论，而是直接派了自己的手下去检查大坝的状况，然后自行做出对于它稳固程度的判断。显然，哪怕不是什么水力学专家的人也能够看出，菲利波的计划注定要以失败告终。

然而，菲利波对于这些警告置之不理，"怪兽"带来的羞辱的失败显然还不能让菲利波吸取教训，虽然船只失事已经过去两年了，但他还在尝试打捞沉没的大理石。菲利波在大坝问题上的固执源于他对于批评家们一贯持有的轻蔑态度，毕竟，他建造穹顶的计划不也曾经被这样嘲笑过吗？到如今，谁不承认穹顶是一个巨大的成功？在与塔科拉的谈话中，菲利波谴责那些人是"傻子和无知者"（capocchis et ignorantibus），还说那些人不可能理解像他这样的发明家的计划：

> 无论是有学问的人还是无知的笨蛋都想了解我的方 **126**
> 案。有学问的人明白我的提议，他们至少懂得一些事情，
> 无论是片面的还是全面的；但是无知者和没有经验的人什
> 么也不懂，给他们解释只是白费唇舌。他们的无知还很容
> 易激起他们的愤怒。他们一直没有长进就是因为他们总爱
> 不懂装懂，还鼓动更多同样无知的人和他们一起固守他们
> 可怜的方式，同时嘲弄那些真正有本事的人。[2]

菲利波称，对待这些傻瓜，唯一的办法就是把他们都派到战场上去。这些话都是他在卢卡工程之前说的，在溃败之后，菲利波给他的批评者们设计的结局恐怕比这还要更加严苛残酷。

　　和佛罗伦萨人一样，卢卡人也意识到了菲利波的计划并不可靠。起初他们尝试自己建造堤坝，通过一些高耸的路堤来防止可能会淹没平原的洪水向既定方向涌来。不过卢卡人并没有局限于防守，某天夜里，他们发起了经典的军事突围，一队驻军偷偷潜入佛罗伦萨人的地盘，破坏了菲利波在他计划让塞尔基奥河改道的位置处挖的引水通道。结果是卢卡周围的平原确实如菲利波预计的那样被洪水淹没了，但（如马基雅维利在他的《佛罗伦萨史》中讽刺的那样）现实与"他的愿望截然相反"：河水带着万钧之势冲破了菲利波的大坝，更糟糕的是，还淹没了佛罗伦萨的军营。佛罗伦萨人不仅没能按计划攻打卢卡，反而被迫匆忙撤退到高地上。除了作为工程师的名望一落千丈之外，菲利波还有别的东西被落在了卢卡城外的沼泽中：根据1431年的税务申报文件，他放在佛罗伦萨军营里的床也丢了。

　　战局很快从不利走向了糟糕。迫切想要削弱佛罗伦萨实力的米兰公爵派军队到卢卡进行支援。佛罗伦萨人采取的应对措施是贿赂公爵的军事将领斯福尔扎伯爵（Count Sforza）。收了好处的斯福尔扎配合地撤出了卢卡，不过在随后的战斗中，佛罗伦萨人还是被彻底击败了，军队的士气也迅速消沉了下去。

127　　菲利波并不是唯一因为战败而受到指责的人。解释佛罗伦萨人在战场上的失败时一个最常用的"替罪羊"其实是同性恋现象。多年来神职人员一直在圣坛之上严厉斥责鸡奸罪行，说它正在毁掉这座城市。锡耶纳的贝尔纳迪诺（Bernardino of Siena）就是方济会中激烈鼓吹这种观点的教士之一。佛罗伦萨的同性恋现象在14世纪时已经非常出名，以至于德国人在俚语中用"佛罗伦萨人"（Florenzer）指代"鸡奸者"。1432

年，政府决定采取措施处理这个被他们视为战场失利根源的问题，处理方法是设立一个专门机构负责确认同性恋身份，并对被确认者提起公诉。这个机构的名称"深夜办公室"（Ufficiali di Notte）可谓一语双关，因为意大利语中的"深夜"（notte）在俚语中恰好就是"同性恋者"的意思。这支恶习突击队与社会风化办公室（Ufficiali dell'Onestà）的官员们协同工作，后一个名字听起来像出自奥威尔式笔下的部门负责管理城中那些开办在老市场附近的市立妓院并向它们颁发许可。① 开办这种合法妓院的具体目标之一就是鼓励佛罗伦萨的男人们停止犯下鸡奸这项"更大的罪恶"。在佛罗伦萨经常可以看到妓女，其中一个重要原因是容易辨识，因为法律规定她们必须穿戴特殊的服饰，包括手套、高跟鞋，以及在头上系一个铃铛。

即便是采取了这些措施，佛罗伦萨在战场上的表现依然没有任何提升。米兰公爵说服热那亚、锡耶纳和皮翁比诺（Piombino）与自己组成联盟，共同对抗连续受到重创的共和国。眼看厄运即将临头，佛罗伦萨人选择乞求和平。虽然各方在1433年签订了停战协议，但是佛罗伦萨与米兰之间的敌对行动还要到十多年后公爵去世才能彻底画上句号。

---

① 有一种非官方的确认同性恋身份的方法是让母亲拨弄儿子的钱袋：如果钱币发出"哗啦哗啦"的声音，就说明这些钱是鸡奸者给的嫖资。——作者注

第十五章 江河日下

与卢卡的战争给修建圣母百花大教堂的工程造成了严重的影响。战争一爆发，大部分泥瓦匠的工资就被减半了，还有一些人的收入缩水得更加严重，从每天1里拉骤减到可怜的1个月1里拉。就连菲利波本人也遭遇了减薪：他的工资从每年100弗洛林币降低到50弗洛林币。1430年12月，总共有40多名工地上的泥瓦匠和特拉西尼亚采石场的石匠被解雇，一部分原因是天气寒冷造成的停工，另一部分则是为了省钱。整个佛罗伦萨的建筑工程都被叫停了，因为原本要划拨给这些地方［其中包括同样由菲利波负责建造的安杰利圣母修道院（Santa Maria degli Angeli）的祈祷室］的款项都被改作战争资金了。因为得不到委托项目，包括多纳泰罗在内的许多艺术家都离开佛罗伦萨，到其他更安定、更繁荣的城市去了。

在这段不得不勒紧裤腰带度日的时期，菲利波可以说是选择了一个最不合适的时机来推动自己关于在大教堂外多建一圈小礼拜堂的昂贵计划。不难预见他的模型必然得不到监管者们的积极回应，因为后者已经决定采用更省钱的方法，即通过安装裸露在外的铁条来对教堂的中殿进行加固。菲利波极不情愿地接受了他们的决定。1431年年初，他设计了一个铁条的模型，并获得了负责安装这些铁条的委托。获得这项委托还不到一个月，监管者们就做出了一个意义重大的决定：他们下令拆

除内里·迪·菲奥拉万蒂的 1367 年模型，理由是他们推断内　129
里的模型与此时的穹顶已经"没有任何可比性了"。这并不是
说菲利波违背了这个模型，而是说如今工程即将完工，内里的
模型已经失去了其作为检验标准的意义，剩下的工程不需要参
考它也可以完成。

最终，为了阻止中殿的墙壁上再出现裂痕，铁质和木链都
被用上了。因为菲利波对于这样的解决方案缺乏热情，所以他
的安装工程进行得很缓慢。到 1433 年 5 月，监管者们不得不
下令让他加快速度。一年之后，加固工程全部完成，菲利波在
一份提交给工程委员会的报告里抱怨这种方式破坏了大教堂的
美观。他相信如果按照他的提议建造一些小礼拜堂，就可以移
除这些有碍观瞻的支撑物，于是他又开始督促监管者们重新考
虑他的计划。虽然监管者们允许菲利波继续完成之前被废弃一
旁的模型，但最终的答复仍然是斩钉截铁的拒绝：菲利波应该
忘掉关于一圈小礼拜堂的事，将注意力放在完成穹顶的建造
上。不难理解监管者们对于看到工程彻底完结的迫不及待。他
们原本希望 1433 年就可以在大教堂里举行宗教活动，可这样
的预期显然过于乐观了。18 个月后的此时，当他们聚在一起
研究菲利波的小礼拜堂模型时，完工之日似乎依然遥遥无期。

这件事是少有的几次菲利波无法说服监管者们接受他的观
点的例子之一，不过由此带来的郁闷与其他更迫在眉睫的担忧
比起来就显得不那么重要了。1434 年 8 月，也就是监管者和
羊毛业行会执事聚在一起开会仅几天之后，菲利波就被逮捕并
关进了监狱。他的罪名是：没有向泥瓦匠行会缴纳年费。

全称为石匠和木匠行会（the Arte dei Maestri di Pietra e di

Legname）是佛罗伦萨最大的行会之一。虽然普通劳动者才是这个行会的会员，但它和别的行会一样都是被城市中的政治精英控制的工具，而非真正为普通劳动者谋利的机构。行会在名义上是共和国宪法的基石，因为一个人要获得任何政治职务，

130 都必须先成为某一个行会的成员。不过在实践中，权力都集中在商人法庭（guild court of the Mercanzia）手中。这个法庭创立于 1309 年，由一群富有、相互通婚，但同时也相互竞争的家族控制着，包括卡波尼家族、美第奇家族、斯特罗齐家族、巴尔迪家族和斯皮尼家族。这些商界精英通过商人法庭将自己的权力延伸到其他行会的运行中，控制了参选行会官员的合格候选人的范围。

中世纪时，北欧的泥瓦匠行会会充满戒备地守护自己职业的"奥妙之处"。1099 年时发生过一个著名的事例，乌得勒支主教被一位泥瓦匠师傅谋杀，原因是主教哄骗他的儿子说出了一座教堂地基的铺设秘密。想要垄断此类信息的原因很明显：泥瓦匠们需要避免将他们的知识传播到行会以外，这样才能保证自己的经济利益。

然而，佛罗伦萨的泥瓦匠行会并没有过分执迷于保守秘密。从佛罗伦萨以外的地方来的木匠和泥瓦匠都可以在城中执业，其他行会中的成员也可以参与到建筑行业的工作中。行会似乎并不会迫切地要求这些人必须获得会员身份，更不会要求他们缴纳会费。前任总工程师乔托和安德烈亚·皮萨诺都不曾加入泥瓦匠行会。菲利波之前甚至还获得了不必加入这个行会就可以以建筑师的身份进行工作的特许。鉴于以上事实，他突然被要求缴纳会费，甚至因为没有缴纳而被逮捕这件事实在太令人匪夷所思了。

菲利波遭逮捕这件事绝对是非常可疑的。一年的会费总共也就 12 索尔迪，大致相当于圣母百花大教堂工地上一个普通壮工一天的工资。留存下来的记录显示，尽管这个数目微不足道，但是行会中的很多成员都会拖延支付。[1]菲利波是唯一因没有缴费而遭到逮捕的人。这无疑是有什么邪恶势力想要暗中迫害总工程师。

菲利波在佛罗伦萨修建穹顶期间一直是一名政治上的活跃者，他曾多次在负责通过或否决执政团提出的法案的委员会里任职[2]，不过他后来迅速失去了佛罗伦萨统治阶层的偏爱。除此之外，他富有的赞助人——科西莫·德·美第奇此时处于流放中。正是科西莫的家族在 1425 年时雇用菲利波来重建圣洛伦佐教堂，科西莫的离开对于佛罗伦萨所有的艺术家来说都是一个打击。1429 年，科西莫在自己的父亲乔瓦尼去世之后就成了势力强大的美第奇银行的领袖。他是一个博学的人，了解希腊哲学，收集古代手稿和钱币，与人文主义学者为友，还像古代罗马人一样，每天早起打理自己的果树林和葡萄园。然而，科西莫的政治生活可不是如田园诗一般悠闲的。他曾经是战争委员会的成员之一，他反对与卢卡之间的失败的战争活动，在没能阻止战争爆发之后，他立刻因莫须有的阴谋推翻政府的罪名而遭逮捕。1433 年 9 月，他被囚禁在佛罗伦萨市政厅（Palazzo della Signoria）的塔楼上，没过多久就被判流放威尼斯。

与科西莫一样，在卢卡战场上的灾难之后，菲利波的势力也遭到了削弱。他的名声已经受损；他最强大的赞助者被流放了；他建造穹顶的工作尽管是成功的，但是因为缺乏资金和人手而无法全速推进。因此，他的敌人才会选择在这个时候发起

131

反扑。促成菲利波被囚禁这件事背后的主使是泥瓦匠行会中一位名叫雷纳尔多·西尔韦斯特里（Raynaldo Silvestri）的执事。人们不免要怀疑西尔韦斯特里是不是为了某些行会执事之外的人而采取这样的举动的，比如洛伦佐·吉贝尔蒂或乔瓦尼·达·普拉托在其中扮演了什么角色？其实洛伦佐也受到过类似的指控。他从事建筑工作十几年后都一直还是丝织业行会的成员，恰恰和菲利波同属一个行会。直到八年前，洛伦佐才加入泥瓦匠行会，并被免于逮捕。既是一位有天赋的艺术家，又是一位精明的商人的洛伦佐之所以在 1426 年加入泥瓦匠行会，是为了让他的作坊可以将经营范围扩展到包括接受定制墓碑等获利丰厚的委托，而非仅限于铸造铜制品。在他年老之后，洛伦佐还成了泥瓦匠行会中的支柱成员，并在 1449 ~ 1453 年担任执事。这种从属关系暗示了在 1434 年时他肯定已经认识，甚至已经与泥瓦匠行会中那些谋划了菲利波的逮捕的成员结为朋友了。

除此之外，洛伦佐很可能完全有理由希望找机会报复一下自己的总工程师同事，因为就在最近，他的作坊和他的声誉双双受损，而且他认为这全是拜菲利波所赐。两年前，也就是 1432 年夏天，他和菲利波曾一起制作第四条石链的模型。然而，秉承着一贯的只有自己能知道如何建造穹顶的秘密的固执信念，菲利波在模型完成六个月后傲慢地将其弃于一旁，然后独自重新建造了一个新模型，而且工程委员会也同意了使用新的模型来取代两人共同设计的那个。洛伦佐无疑又一次感到菲利波是想要逼迫自己退出。再然后，洛伦佐为大教堂唱诗班席位制作的隔屏模型也被监管者们否决，而被采纳的自然还是菲利波的设计。监管者们对于洛伦佐的计划不甚满意，认为它不能为唱诗班成员和主持宗教仪式的神职人员留出充足的空间，所以是不切实际的设计。这项委托是一件无比光荣的工作，而洛伦佐的失败众所周知，这无疑对他的声望是一种打击。

到1434年夏天，近来的挫折与菲利波之前在圣母百花大教堂工程上的各种成功加在一起肯定加深了洛伦佐心中的怨恨，后者在穹顶建造的工程上已经越来越被边缘化。不过，并没有证据能够证明洛伦佐参与了这场逮捕菲利波的阴谋。更可能的情况其实是，导演了科西莫·德·美第奇被流放的阿尔比奇（Albizzi）派系的那些人在幕后主使了这一切。

综合考虑来说，菲利波遭受的牢狱之灾还不算太糟糕。他并没有被当作普通罪犯关进佛罗伦萨的斯廷凯公共监狱，也没有被扔进作为佛罗伦萨的地牢的人造地下墓穴。那些监狱里关押的绝大部分都是交不起罚款的乞丐和穷人，以及造假者、通奸者、窃贼和赌徒。曾经作为菲利波恶作剧的受害者的胖木匠马内托就被关进了圣十字广场附近的斯廷凯公共监狱，那里也关押一些罪行更严重的罪犯，比如异教徒、巫师、女巫和谋杀犯，等待他们的凄惨结局包括被砍头、截肢，或是被绑在木棍上烧死。行刑地点是城外的"公正之地"（Prato della Giustizia）。公众会争先恐后地前来观看行刑，这种场面在佛罗伦萨特别受欢迎——实际上，为了满足人们观看这种以死亡为主题的戏剧性场面的要求，佛罗伦萨还要得让其他城市中的罪犯来这里被执行刑罚。

菲利波的囚禁生活几乎是轻松惬意的。他被关在商人法庭的监狱里，地点就在佛罗伦萨市政厅内，而且他被收监后不久，工程委员会就来解救他了。委员们为菲利波遭受的不公对

133

待而火冒三丈，他们坚持要求佛罗伦萨的警察总长（Capitano del Popolo）逮捕雷纳尔多·西尔韦斯特里。几天之后，菲利波于 8 月 31 日获得了释放，过去两周内的大部分时间里他都是被关在监狱里的。他出狱后的第二天，一个支持美第奇家族的政府获选成立，科西莫被从威尼斯召回，而敌对派系的领袖里纳尔多·阿尔比奇（Rinaldo Albizzi）则被判流放。不过，如果菲利波认为自己的麻烦终于到头，他从此可以把所有注意力都放到穹顶的建造工作上，那么他就要失望了。不到两个月之后，他的养子布贾诺在 10 月的某天从菲利波家中偷了钱财和珠宝，逃到那不勒斯去了。

被习惯称为布贾诺的安德烈亚·卡瓦尔坎蒂 7 岁时被菲利波带回佛罗伦萨，之后和养父一起生活了 15 年。菲利波可能是在皮斯托亚附近的名为布贾诺的托斯卡纳乡村里第一次见到这个男孩儿的。菲利波的父亲塞尔·布鲁内莱斯科在那里拥有一块种着葡萄藤和橄榄树的土地。1434 年时，布贾诺已经是佛罗伦萨小有名气的雕塑家了。菲利波雇用他参与了几项颇有威望的工程，包括雕刻大教堂南侧圣器收藏室中进行宗教仪式用的大理石圣洗盆。在临近的圣洛伦佐教堂里，布贾诺负责的工作就更加荣耀了：他要为科西莫·德·美第奇的父母，乔瓦尼·德·美第奇及其妻子皮卡尔达（Piccarda）雕刻石棺。

我们对于布贾诺早期的生活知之甚少，不过他受的教育和抚养应当是与菲利波类似的。布贾诺在 21 岁时成为丝织业行会的成员。在佛罗伦萨，儿子到父亲的作坊里做学徒是惯例。洛伦佐·吉贝尔蒂就曾在他的继父巴尔托卢奇奥的铸造作坊里

134

干活，后来他自己的两个儿子也追随了他的脚步，再后来他的孙子博纳科尔索也不例外。类似的，总工程师巴蒂斯塔·丹东尼奥在建造穹顶时也任命了自己的儿子安东尼奥作为副手。实际上，安东尼奥也被称呼为总工程师，这种安排非常奇怪，先不说任命两个总工程师有什么必要，更让人无法理解的是，巴蒂斯塔的儿子安东尼奥在 1430 年时只有 11 岁，甚至还没有达到能给石匠做学徒的年纪，又怎么可能掌管那个世纪最宏大的建筑工程呢？虽然这样的安排看起来很奇怪，但并非史无前例。在佛罗伦萨，未成年人有时会被列为行业公司的负责人，尽管实际上他们并不真正参与公司的运营。1402 年，年仅 13 岁的科西莫·德·美第奇就被指定为美第奇家族羊毛加工企业的负责人。毫无疑问，实际的管理工作肯定是由某位经验丰富的经理进行的。同理，人们对于穹顶的男孩儿总工程师安东尼奥·迪·巴蒂斯塔自然也没有什么要求，因为这个职务仅仅是名义上的。

不过，布贾诺在大教堂和圣洛伦佐教堂项目中的职位可都不是有名无实的。由于布贾诺承担了为乔瓦尼·德·美第奇雕刻石棺的工作，菲利波就可以把他的时间花在穹顶的设计及制造模型上，甚至还可以去寻找其他工作机会。更何况，布贾诺是一位技术精湛的雕塑家，有时他的作品与菲利波的几乎难以分辨，还有些时候，他的作品甚至能超越自己的师傅。[3] 为菲利波工作肯定不是一件容易的事，除了他变幻无常的脾气和苛刻固执的本性以外，不知出于什么原因，菲利波似乎并不把这个年轻人当回事。比如说，他没有向布贾诺支付 200 弗洛林币的报酬，这是后者为大教堂和圣洛伦佐教堂工作应得的，这笔数目不小的欠款相当于菲利波两年的薪水。所以，布贾诺才私自拿了钱和珠宝当作补偿，逃往那不勒斯去了。他可能是打算在那里闯出自己的一片天，他已经不再需要总工程师的帮助了。

135　　其实要菲利波支付这笔工钱应该是没有困难的，虽然"怪兽"给他造成了一些损失，但是在 1433 年时，他的身家仍然可以达到可观的 5000 弗洛林币。不过，尽管总工程师在很多方面都是天才，但是他对于管理自己的财务很不在行。这种脾性并不罕见，佛罗伦萨的许多伟大的艺术家和雕塑家对自己的钱财都持一种不甚在意的态度。比如，菲利波的朋友马萨乔借出钱财却懒得要账；据说多纳泰罗会把钱放在工作台上的一个篮子里，他的学徒可以随意取用。菲利波可能也是这样慷慨的人，会把很多钱送给穷人，不过他这种随便的态度在很多时候是源于一种疏忽大意，而非为了积德行善。比如 1418 年 9 月，菲利波曾经因为忘了交税而失去获得官职的机会，这也给他的政治生涯带来了一时的影响。他犯错的时机可谓糟得不能再糟了，因为穹顶竞赛就是在这之前一个月宣布的。

　　布贾诺带着菲利波的财物逃往那不勒斯时是 21 岁，虽然当时他已经是一位雕塑家师傅了，但是根据佛罗伦萨的法律，他依然是青少年。实际上，和其他青少年一样，他要等到年满 24 岁才能不再受制于父亲的权威，更有甚者，某些"青少年"要到 28 岁才能摆脱父亲的控制。很多年轻人对于这样的制度感到愤怒：14 世纪的诗人兼小说家佛朗哥·萨凯蒂（Franco Sacchetti）就曾写到，六个儿子里有五个都盼着自己的父亲早点去世，好让自己不再受制于人。

　　无论是瓦萨里还是马内蒂都没有谈及这次令人不快的插曲

的详细情况，就像他们没有提到"怪兽"的失败和水淹卢卡计划的泡汤一样。不论当时情况如何，反正菲利波是下定决心要把布贾诺和自己的财物都找回来。他的朋友多纳泰罗曾经亲自到费拉拉追捕逃跑的学徒，甚至想要杀了逃跑者泄愤，不过菲利波没有这么做，他遵循了复杂的法律程序，向最高权威教皇尤金四世（Eugenius Ⅳ）提出控诉。年轻男子的偷盗和逃跑就这样被升级为国际性事件。

教皇尤金四世早在当年 6 月就抵达了佛罗伦萨，他是因为有罗马暴徒向拉特兰宫（Lateran Palace）投掷石块而被迫离开的。罗马与米兰长年不断的战争导致民不聊生，所以才有暴徒开始骚扰教皇国作为报复。尤金四世乔装改扮后从奥斯蒂亚（Ostia）乘船沿台伯河顺流而下，经历了一段危机四伏的逃难旅程之后在里窝那登陆。之后教皇将在佛罗伦萨暂住几年，其间还会参与在圣母百花大教堂举行的一系列重要的历史性盛典。

教皇当时的速记员正是莱昂·巴蒂斯塔·阿尔贝蒂，后者陪同尤金四世一起来到佛罗伦萨。1434 年，阿尔贝蒂正在创作《论绘画》，两年之后，他会将这本书的意大利语版本献给菲利波，还会对"建筑师皮波"建造穹顶的惊人壮举大加赞美。作为速记员，阿尔贝蒂的工作内容之一是用完美无缺、优雅简洁的拉丁文撰写教皇的书信和敕令。通常情况下这些敕令都是关于教义或礼拜仪式问题的，不过在 10 月 23 日这一天，阿尔贝蒂发现自己要发布一个看起来不同寻常的法令，内容是要求那不勒斯女王焦万娜（Queen Giovanna）立即将布贾诺，连同他从菲利波家中偷盗的钱财和珠宝一起遣送回佛罗伦萨。由教皇提出的要求是不可能被轻视的，出逃的年轻雕塑家立即被送回了佛罗伦萨，交给了他的师傅处置。这场令人难堪的事件也就此画上了句号。布贾诺重新回到了菲利波的工作室，继续勤勤恳恳地为自己的师傅完成委托项目。二人之间似乎没有再发生过此类纠纷，而且布贾诺不久之后就被指定为菲利波的继承人了。

第十六章　祝圣

佛罗伦萨的宗教节日很多，差不多平均每星期一次。这里的居民已经习惯了节日期间的宏大场面：身着用金线和丝绸纺织的盛装的教士和修道士举着自己宗派的旗帜，抬着他们最神圣的圣物，摇着铃铛、吹着喇叭、唱着圣歌、泼洒着圣水沿街而行。不过1436年3月25日天使报喜节这一天的仪式规模就算是以佛罗伦萨的高标准来衡量，也绝对算得上精彩绝伦了。

当天，教皇尤金四世在7位红衣主教、37位主教和包括科西莫·德·美第奇在内的9位佛罗伦萨政府成员的陪同下，从自己位于圣玛丽亚诺韦拉修道院的临时居所出发，向东往城市中心走去。行进队列沿着一条长1000英尺、高6英尺、装饰了香气甜美的鲜花和草本植物的木制高台上走过。这条通道是由菲利波设计的，目的是保证教皇能够从街道上拥挤的人群之上安全通过。这种控制人群的办法显然优于之前人们经常使用的向街上抛撒钱币的旧办法，尽管那样也能通过吸引人群去捡钱来避免他们过于靠近教皇。当教皇的随行队伍进入切雷塔尼街（Via de' Cerretani），沿着木制通道向人头攒动的圣乔瓦尼广场走去时，新建的大教堂就会一下子映入他们的眼帘。经过了长达140年的建造，给圣母百花大教堂祝圣的日子终于到来了。

天使报喜节是一个适宜举行此类仪式的节日。这个节日本来是庆祝大天使加百列出现在童女玛利亚面前的。在很多描绘天使报喜的作品中，加百列手中都会举着一支百合——这种花不仅象征着纯洁，同时也是佛罗伦萨的标志。他传话给童女，告诉她奇迹即将发生：神圣者将降临人世。对于生活在 1436 年的佛罗伦萨人来说，新的大教堂的建成一定也像某种因为有神圣的介入才得以完成的壮举，不过这样的奇迹并不是由天使，而是由一个凡人实现的。

为迎接这次庆典，人们对圣母百花大教堂进行了充分的准备。将八角形大殿和中殿分隔开来的临时墙壁终于被拆除了，它原本的作用是把前来做礼拜的人和工地上的工人分隔开。根据菲利波的设计搭建的唱诗班席位也是用木材临时制作的，席位上的 12 座木制的使徒雕像表面都刷了油漆。鼓座上的巨型窗户都挂上了用来挡风的亚麻窗帘。最值得注意的其实是连续工作了 15 年的牛拉起重机及其工作平台终于不再竖立于八角形大殿正中了，那里此时已经铺上了地砖。

随着仪式的开始，一位红衣主教沿着新建的唱诗班席位走来，依次经过菲利波的所有木制使徒雕像，并在每座雕像前点亮一根蜡烛。当尤金四世开始登上圣坛时，人们齐声唱起了赞美诗：

> 最近玫瑰花开了，这是来自教皇的礼物，
> 虽然冬季寒风刺骨，
> 鲜花依然装点着这座宏伟的建筑，
> 我们要把它献给永恒的你，
> 神圣而纯洁的圣母玛利亚……

　　与此同时，尤金四世开始将大教堂的所有圣物都放到圣坛上，其中最重要的是施洗者圣约翰的指骨以及圣母百花大教堂的守护神圣泽诺比乌斯（St. Zenobius）的头骨，后者的遗骸是在 1331 年发现的，后来一直被放在一个类似于圣人头颅形状的银质圣物箱中。① 在教皇摆放圣物的同时，红衣主教们开始为 12 座木制使徒雕塑手中举着的红色十字架施洗。进行过这样的仪式之后，大教堂里将充满圣人的存在，佛罗伦萨人相信他们从此就可以继续施行神迹了。

　　圣母百花大教堂的监管者们本来的打算是在祝圣礼上将圣泽诺比乌斯的遗骨展示在属于他的小礼拜堂中为他特别建造的神龛里。神龛两边要有铜质浮雕，内容是泽诺比乌斯施行过的一些神迹，比如他曾经让一个在街上被牛车碾压的男孩起死回生。1432 年，羊毛业行会委托洛伦佐·吉贝尔蒂铸造这个 4 英尺高的神龛，然而四年的时间过去了，虽然行会向洛伦佐支付了高额的定金，还为他购买了好几百磅的铜，但神龛至此还没有被造出来，非常不满的监管者们甚至威胁要取消这个合同。

　　对于必然会出席大教堂祝圣礼的菲利波来说，这肯定是他人生中一个值得骄傲的高光时刻；然而对于他的总工程师同事们来说，典礼的意义就是苦乐参半了。在过去的十年中，穹顶一直被佛罗伦萨人，也被诸如杰出的莱昂·巴蒂斯塔·阿尔贝

139

----

① 佛罗伦萨人至此一直没能得到的另一个更有价值的圣人遗物是圣约翰的头骨。1411 年时，佛罗伦萨市政府曾经与敌对教皇约翰二十三世协商购买圣物的事宜，但最终没能达成交易。30 年之后，建筑师菲拉雷特作为市政府的代表打算将头骨偷出来并悄悄带回佛罗伦萨，结果偷盗者被当场抓获，后来被关进了监狱。——作者注

蒂之类的来访者认为是依靠菲利波个人的天赋建造出来的。无论是用来吊起石料的机械装置、不使用拱架建造拱顶的复杂技术，还是看起来毫不费力的对于人力和自然力的利用等，这些令人震惊的壮举早就把洛伦佐做出的贡献比下去了。实际上，洛伦佐在工程最后阶段参与的工作只剩设计小礼拜堂和鼓座上的彩色玻璃窗而已。在接下来的十年中，他的作坊几乎垄断了这些窗户的建造工作，但大部分工作都是由一位名叫贝尔纳多·迪·弗朗切斯科（Bernardo di Francesco）的玻璃工为他完成的。不过，在祝圣礼这一天，连这仅剩的一项成就也让洛伦佐留有遗憾，因为就在两年前，设计鼓座上最重要的八扇窗户，也就是展示圣母加冕礼内容的那些窗户的工作也被菲利波的朋友多纳泰罗抢走了。

自从菲利波被从监狱中释放之后，施工过程一直进行得很迅速，不过穹顶本身一直没有彻底完工。1434 年时，穹顶的墙壁刚好超过规定的 144 布拉恰，也就是距离地面 280 英尺。一年之后，泥瓦匠们铺设了第四条石链，也就是让穹顶顶部实现闭合的圆环。然而，剩下的工作依然很多。穹顶的外立面要铺上用赤陶土烧制的瓦片，单这项工作就得耗费两年时间。至于在教堂表面上装饰彩色大理石贴面的工作，恐怕还要经过一代人的努力才能完成。最后还有穹顶顶部的塔亭（lanterna）也需要有人设计并建造。

然而在 1436 年时，人们认为庆祝的时刻已经到来了。因此，在 8 月 30 日这天，也就是教皇尤金四世为大教堂祝圣五个月之后，人们又针对穹顶本身举行了祝圣礼。此时距离开工建造的日子已经过去了整整 16 年零 2 周。典礼是上午 9 点开始的，由菲耶索莱主教主持。主教亲自爬上穹顶顶部，放下了最后一块石料。人们吹响了喇叭和横笛，教堂里的钟也被敲响了，周围建筑的房顶上都挤满了观看典礼的群众。之后，总工程师们和所有监管者都从穹顶上下来，大家尽情享用了面包、葡萄酒、肉、水果、奶酪和通心粉。这个无比巨大的工程的主体部分已经完成了。佛罗伦萨人终于等来了他们渴望了 70 年的穹顶。菲利波成功地实现了一个工程学上的壮举，他在建筑结构上做出的创新是无与伦比的。

第十七章　塔亭

　　从文艺复兴时期往后建造的穹顶大多有一个特征，那就是要在穹顶最高处建造一个塔亭。这些塔亭既有装饰效果，又有实际用处，它可以让光线进入建筑内部，还可以促进空气流通。内里·迪·菲奥拉万蒂的模型里就包含了这个特征，菲利波在1418年设计的版本也是带塔亭的。不过在内里的模型被拆除一年之后，菲利波的模型也被拆除了，所以此时并不存在一个明确的关于塔亭的设计方案。

　　菲利波肯定觉得大教堂工程委员会理应直接选择他来设计塔亭，然而委员会一如既往地宣布举行一场竞赛。于是在1436年夏天，菲利波、洛伦佐·吉贝尔蒂和其他三位满怀希望的参赛者都开始制作塔亭的模型。人们可以想象菲利波对此有多么不满：他当然知道洛伦佐在1424年完成了洗礼堂的铜门之后，没有再经过任何竞赛就立即获得了继续为洗礼堂再制造一套铜门的委托，也就是后来被称作"天堂之门"的那一套。更令菲利波感到受辱的是，与他同台竞争的参赛者之一是一个身份卑微的铅匠，还有一个竟然是女人。

　　关于塔亭的尺寸和形状的讨论已经延续了很多年，它们部分取决于塔亭的下部结构，也就是穹顶顶部的第四圈砂岩石
链。这条石链是在1435年才铺设的，在那之前，它一直是大量审议工作的讨论内容。最早在1432年6月时，工程委员会

就下令建造一个石链的木制模型，以此决定它是应当像第一条砂岩石链一样做成八角形的，还是如外层拱顶上的九个圆形拱一样做成圆形的。两个月之后，监管者们就模型进行了研究，最终选定了八角形的设计方案，不过在菲利波的请求下，石链组成的八角形的直径从 12 布拉恰缩小到 10 布拉恰，大约相当于 19 英尺。一年之后，这个尺寸又被再次减少到略小于 10 布拉恰。乔万尼·达·普拉托对于这种尺寸缩水的情况很不满，因为这意味着能够照进教堂内部的光线更少了。

菲利波是在一位 31 岁的木匠的帮助下开始建造塔亭模型的。这个木匠的名字叫安东尼奥·迪·恰凯里·马内蒂（Antonio di Ciaccheri Manetti，区别于菲利波的传记作者安东尼奥·迪·图乔·马内蒂），他与菲利波是老相识了，曾经帮助菲利波建造穹顶闭合圆环的木制模型及其设计的唱诗班席位。总工程师会把自己绘制的塔亭草图送到安东尼奥位于大教堂附近的作坊里，不过没过多久他就后悔选择安东尼奥作为合作者了。根据传记作者马内蒂的说法，菲利波在识人方面可没有他在建筑方面一样的天赋，因为安东尼奥背叛了菲利波——他偷偷制作了一个号称是他自己创造的模型，并在其中厚颜无耻地使用了很多菲利波的设计元素。这正是总工程师从自己入行时起就一直担心的那种遭遇剽窃的情况。不过他已经来不及做什么了，安东尼奥和菲利波的模型都被提交给了工程委员会，此外还有洛伦佐·吉贝尔蒂和另外两名参赛者的。

洛伦佐的参赛说明了虽然他早已不再受雇于工程委员会，但他仍然希望参与到穹顶的项目之中：他是在穹顶的祝圣礼举行两个月之前正式失去总工程师头衔的，当时监管者们最后一次向他支付了薪水。（相反，菲利波到去世都一直担任着总工

程师的职务，并且接受工程委员会支付的酬劳。）洛伦佐要是
认为自己还有可能赢得这次竞赛，那他显然是太过乐观了，由
于他没有在祝圣礼之前完成圣泽诺比乌斯的神龛，监管者们已
143 经对他失去了信心。实际上，洛伦佐早就落下了总是不能按时
完工的坏名声。造成这种不可靠的部分原因来自铸造铜器的工
作本身就充满了不确定性，尤其是当被制作的产品如洛伦佐制
作的那些一样工艺精细、尺寸巨大的时候。不过，事实证明，
洛伦佐不可靠的原因还是他对于获得艺术上的认可和经济上的
回报充满野心，以至于他不断接受越来越多的委托，尽管他的
铸造车间已经很大，还有人数众多的学徒，他依然没法按时完
成任何一项工作。比如，1417 年洛伦佐获得了为锡耶纳大教
堂的圣洗池设计两幅铜质浮雕的工作，完工日期被拖了一年又
一年，与此同时洛伦佐却在不断接受更多、更大型的项目，这
令锡耶纳大教堂的监管者们怒不可遏。原本计划在两年之内完
成的两幅不大的浮雕作品，最终用了将近十年的时间才完成，
而且还是在忍无可忍的锡耶纳监管者们多次前往佛罗伦萨催
促，甚至威胁要取消合同的情况下，洛伦佐才不得不制作了浮
雕。

考虑到洛伦佐的名声，以及他花了 20 年才完成洗礼堂的
第一套铜门的事实，布料商人行会在 1425 年委托他制作第二
套铜门时明确提出，洛伦佐在完成这个项目前不得接受其他工
作。然而这样的想法只是行会的一厢情愿罢了，因为不到四个
月，洛伦佐就接受了羊毛业行会委托他制作大于真人比例的圣
史蒂芬（St. Stephen）铜像的委托。在之后的很多年里，他的
作坊里总是那么拥挤忙碌。实际上，洛伦佐直到 1429 才开始
建造铜门，此时距离他接受委托已经过去了整整四年，至于彻

底完工，则用了他将近 25 年的时间。鉴于这种不可靠的严重程度，大教堂工程委员会的监管者们根本不会浪费时间去考虑洛伦佐和他的模型。

1436 年 12 月 31 日，监管者们聚集在一起审查了全部五个塔亭模型。也许是因为清楚自己的决定可能引发争议，所以监管者们采纳了多方意见：他们咨询了神学家、科学家、泥瓦匠、金匠、画家、数学家以及包括科西莫·德·美第奇在内的各位有影响力的市民的意见。最终，他们都倾向于菲利波的设计，认为根据他的模型建造出来的塔亭会更坚固、采光效果更好，而且更防水。不过，监管者们在最终的决定里增加了一个重要 144 的条款，要求菲利波"将心中的所有敌意搁置一旁"（他们显然是非常了解菲利波的为人），接受一些关于他的模型的改进建议，无论这样的建议看起来有多么无足轻重。会有这个条件的原因是安东尼奥恳请监管者们许可他重新建造一个模型。监管者们显然是对安东尼奥的设计印象深刻，才会同意他的要求。结果就是，菲利波突然发现自己又遇到了一个新的竞争对手。

就这样，木匠再一次投入工作中，结果造出了一个与菲利波的设计更加接近的模型。不过这个模型还是被监管者们否决了，据说总工程师对此的评论是："再给他一次机会，他会造出一个跟我设计的一模一样的模型（Fategliene fare un altro e fara el mio）。"自此以后，这两位曾经的合作伙伴之间的关系就恶化了，最严重时（一如菲利波与他人交恶时通常会做的那样）又出现了双方发表十四行诗对骂的情况。这件事显然促使菲利波把之前承诺忘记伤害、放下仇恨的誓言全抛诸脑后了。可惜为这场冲突而写的那些灵感爆发、机智辛辣的文章都没能被留存下来。故事的结局令人遗憾地充满了讽刺意味，虽

然菲利波的设计获胜，但笑到最后的人反而是安东尼奥：他在
1452 年时当上了圣母百花大教堂的总工程师，负责监督塔亭
的建造工程，并在最终建成的作品中加入了一些自己的变化。

八角形的塔亭坐落在由砂岩石链支撑的大理石平台上。塔
亭的八根扶壁分别与穹顶的八根拱肋对齐，它们的作用是支撑
高 30 英尺、有科林斯式柱头的装饰性半露壁柱。半露壁柱之
间有八扇窗户，每扇窗户也是高 30 英尺。塔亭内部有一个小
型的穹顶，穹顶上面是一个高 23 英尺的尖顶，尖顶顶端还有
一个铜球和一个十字架。有一根扶壁内部（这些扶壁都是空
心的，为的是减轻塔亭的重量）安装着一条楼梯，沿着楼梯
可以到达一系列梯子前面，爬上梯子就可以穿过尖顶，进入铜
球内部。这个巨大的铜球上安装了一个推窗，从高出下面街道
350 英尺的地方看到的佛罗伦萨全貌一定是最棒的。

总共有超过 100 万磅重的石料要被吊到穹顶顶部。鉴于大
教堂此时已经投入使用，所以人们根本不可能再使用放置在地
面上的大型起重机。这就意味着起重机必须被放置在作业高度
上，由工人手动控制。因此这个起重机的体积必须足够小，小
到能够允许少数几个人在穹顶顶部有限的空间里操纵机器，与
此同时，它还必须能够吊起可能重达 2 吨的大理石石块。

穹顶的祝圣礼过后没几天，工程委员会就又发布了竞赛公
告，征集"能够在宏伟的穹顶顶部吊起重物"的机器模型。
菲利波一如既往地迎接了新的挑战。为新的起重机建造了模型
之后，他立即获得了制造机器的委托以及 100 弗洛林币的奖
金，这个数额与多年前他为设计牛拉起重机而获得的奖金数额
相同。建造这个新机器的工作从 1442 年夏天开始，并于第二
年结束。

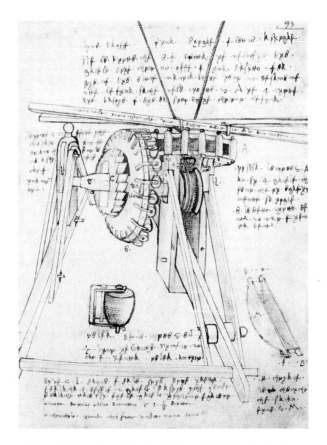

博纳科尔索·吉贝尔蒂绘制的菲利波的塔亭起重机草图

　　洛伦佐·吉贝尔蒂的孙子博纳科尔索·吉贝尔蒂后来为这个机器绘制了草图。它的构造比牛拉起重机简单一些，但其设计同样精妙，使用了多个滑轮、一个平衡重和一套制动系统。博纳科尔索的草图中包含一些用比较简单的密码写成的文字。他使用的密码就是将原本的字母替换成它在字母表中的前一个字母：比如 b 换成 a，d 换成 c，以此类推（这种密码被称为

"恺撒字母表"，据说它是由恺撒发明的）。经过破解之后，可以看出这些文字是在描述机器各部分的运行方式。按照菲利波一贯的性格，再加上受他与安东尼奥·迪·恰凯里之间发生的那些事的影响，菲利波很可能也是打算死守起重机的秘密的。

这个起重机最有意思的特征要数它的制动体系。鉴于给起重机提供动力的人肯定没有菲利波之前的起重机上役使的牛那样的体力和耐力，设计出一套必要时能够让重物和平衡重停在半空中的体系是十分必要的，因此垂直齿轮上配备了可以将重物锁定在某个位置上的棘轮和棘爪。此外，新起重机的齿轮也比牛拉起重机的小很多，所以每次吊着重物上升的速度要慢得多。

不过，建造塔亭的工程进度又出现了拖延，原因还是那个老问题：要获得足够的白色大理石很难。人们考察了坎帕尼亚附近和卡拉拉的采石场，不过前者被证明不适宜进行开采，因为坎帕尼亚的城镇无法为菲利波的石匠们提供必要的工作条件。结果，直到1443年夏天，卡拉拉的大理石才陆续被运到佛罗伦萨，有的是从海上、河上运来的，也有些是经陆路运来的。在"怪兽"失事15年之后，已经66岁的菲利波似乎不打算再涉足运输行业了。如今轮到安东尼奥·迪·恰凯里来设计和建造从锡尼亚向佛罗伦萨运输大理石的特殊交通工具了。不过菲利波还是设计了一种特别的木制遮盖物，以确保被运到工程现场的大理石石块不会被新起重机撞坏或刮伤。

在接下来几年里，主教堂广场上会堆满这样的大理石石块，有些石块的重量甚至超过了5000磅。佛罗伦萨人为把它们堆在穹顶上这件事感到不安。让穹顶承受这么沉重的压力难道不是在冒无谓的风险吗？菲利波驳斥这些担忧的回答是塔亭不但不会导致穹顶坍塌，反而能够像组成拱顶的四个筒形拱[①]的拱心石一样起到强化结构的作用。

　　大理石石块被吊上穹顶顶部之后还要被放到指定的地方，而要完成这项工作还需要另一个机器。建造能够实现这个目的吊车的工作是从 1445 年开始的。这个装置高 20 多英尺、宽 20 英尺，所以没法从"眼睛"里穿过，因为八角形圆洞的直径只有 19 英尺，这就决定了吊车只能在穹顶上面现场建造。建造吊车要用到的胡桃木圆木、松树木梁和铜质别针都被吊到了穹顶顶部，然后在那里进行组装。吊车的建造是由安东尼奥·迪·恰凯里监督指导的，他已经越来越成为工程委员会仰仗的人物了。不过如其他建造穹顶使用的机器一样，这个吊车也是由菲利波发明的。

　　随着塔亭日渐成型，它显然成了美学的巨大成功。后来的包括罗马圣彼得大教堂穹顶塔亭在内的许多塔亭都是遵循这个风格建造的，不过这个塔亭还留下了一个更令人意外的遗产。　148

　　像菲利波的穹顶这样的建筑奇迹通常会成为进行科学探索的地点，因为它们独特的建筑结构和巨大的规模能够成为新理论和新科技的试验场。伽利略就从比萨斜塔上扔下了两枚加农炮弹，让人们亲眼看到物体下落的速度是相同的，与物体自身的重量无关。几百年后，古斯塔夫·埃菲尔（Gustave Eiffel）在埃尔菲铁塔顶端研究空气动力学（那里的风速能够达到超过 100 英里每小时），并最终证明了飞机机翼上方的吸力比飞机下方空气的气压对于飞机飞行能力的影响更大。圣母百花大

---

① 参见本书第 12 页第 1 段内容。——译者注。

教堂的穹顶也同样对科学研究活动起到了辅助作用。不过在这里获得的知识没有被用于航空运输，倒是为海洋运输做出了贡献。

保罗·托斯卡内利（Paolo Toscanelli）是 15 世纪最伟大的数学家和天文学家，他似乎是在 1425 年前后与菲利波相识的。后来他称与总工程师的友谊是自己一生中最伟大的伙伴关系。如菲利波一样，托斯卡内利也终身未婚。他其貌不扬，嘴唇很厚，鼻梁歪曲，下巴很小。虽然家境殷实，但他放弃了奢华的生活，宁愿像个清教徒一样睡在工作台旁边的木板上，三餐不沾荤腥。托斯卡内利曾在帕多瓦学医，后来几乎把所有的时间都用来凝视苍穹和进行复杂的数学演算了。他给菲利波讲解了欧几里得的几何学，后来总工程师以一种不自觉的方式协助了托斯卡内利观察星象，也算是回报了他的指教。1475 年时，托斯卡内利受到穹顶高度的启发，经大教堂工程委员会的批准，爬上了穹顶顶部，并在塔亭底部放置了一个铜质圆盘。这个设计能让阳光通过铜盘中心的小孔射向 300 英尺以下的大教堂地板上的一个特殊标尺，那块刻着标尺的石板是被嵌在圣母百花大教堂十字礼拜堂地板上的。通过这个装置，大教堂就被转化成了一个巨大的日晷。

这个装置的出现在天文学历史上具有重要的意义。穹顶的高度及其稳定性让托斯卡内利有机会获得一些在当时被认为是"太阳的运动"（实际上是地球在围绕太阳运动的观点要到 17 世纪才能被广泛接受）的高级知识，因此他能够比以往任何人都更准确地计算出夏至和春分的时间。这些计算的目的主要是服务于教会，为的是能让人们更准确地确定复活节之类的宗教日期，不过这些知识还被应用到了更广泛的方面。

1419 年，"航海者亨利亲王"（Prince Henry the Navigator）在萨格里什（Sagres）创建了他的水手学校，这位葡萄牙人已经在大西洋东部进行了多次探索航行。他驾驶的是一种新式轻型帆船（caravel），这种船重量轻、船速快，适合御风而行。这些航行的成果非常丰富。在亨利亲王的资助下，葡萄牙航海家们探索了（1427 年发现的）亚速尔群岛最远端的两个岛屿，还考察了西非海岸线的大部分。非洲海岸线外的佛得角群岛是在 1456 年被发现的，而且在 15 年之后，葡萄牙水手们第一次穿过赤道。不过海平线远方还有更巨大的利益吸引着他们。像巴西、安提利亚（Antillia）和查克敦（Zacton）之类的地方都还只存在于传奇之中，没有人真正到过那里，而且据说最后一个岛屿盛产香料。

如果没有天文学知识的辅助，人们根本不可能进行这些深入大西洋的航行，而掌握了天文学知识之后，人们就可以进入从未有人涉足的水域，并通过绘制海图来记录自己的发现。在面积相对较小的水域里进行航海活动时，人们可以使用一种被称作风向玫瑰图的图表。图上的中心点被称为风玫瑰，从这个点向外辐射出 12 条罗盘方位线（后来增加到 16 条）。航海者只要画定两点之间的直线，再找到它对应的罗盘方位线，比如说是北—东北方向的线，然后据此依靠磁罗盘来调整自己的航行线路就可以了，至于经度和纬度的问题在这里完全可以不加考虑。不过当葡萄牙水手们向南进发，沿非洲西海岸驶入尚未有人绘制海图的水域时，他们就会发现以前的简易办法已经无法适用了。天文导航的伟大时代由此拉开了序幕。

进行这类航海活动必备的工具是星盘，天文学家可以用这个仪器计算太阳和其他星辰相对于海平线的位置。到 15 世纪 150

中期，水手们开始使用这个仪器计算自己在海洋中的位置。鉴于根据天文因素测算的经度不一定可靠，精确的南北距离数据——纬度的测定对于航海活动和海图测绘就非常重要了。水手们用星盘瞄准北极星，测量出头顶上的北极星和海平线之间的角度，并依此来计算自己的纬度。然而，他们距离赤道越近，北极星在天上的位置就越低，这个方法就变得不可用了。于是水手们改以太阳为测量对象，用星盘测量它在正午时分的位置与海平线之间的角度。

这些数据很容易测定，但事实是太阳的位置就如北极星的位置一样，并不与天顶相一致，换句话说，这两个参照物都不处于人们假想的从北极延伸出去的地球轴心上。要获得某一地区的纬度数值，人们必须对自己观测到的结果进行一些修正。天文学家已经就此总结出了一些偏差对照表，其中最重要的是阿方索星表（Alfonsine tables），这个星表是由一些在西班牙的犹太天文学家于 1252 年制作的。天文学家和航海家能够根据这个表格计算太阳和北极星在不同季节的位置、日食和月食的时间，以及任何时刻任何行星的位置。此时距离这个表格被制作完成已经过去两个世纪了，其中有许多不准确的地方亟待修改。托斯卡内利利用圣母百花大教堂顶部的铜质圆盘的帮助观测到的太阳的运动让他能够纠正并改进阿方索星表的内容，这无疑是为航海者和绘制海图的人提供了一个更准确地测绘自己所在位置信息的工具。

托斯卡内利本人对于绘制地图和探险也很感兴趣。1459年时他采访过几位了解印度和非洲西海岸情况的葡萄牙水手，目的是创作一幅全新的、更加精准的世界地图。这份地图似乎在托斯卡内利敏锐的思维中引发了一个新颖独特、令人震惊的

想法。15 年之后，已经 77 岁的他给自己在里斯本的一个名叫 151
费尔南·马丁内斯（Fernão Martines）的朋友写信。马丁内斯
是葡萄牙国王阿方索宫廷中的一位教士。托斯卡内利敦促马丁
内斯说服阿方索探索一条通往印度的海上通道，他向马丁内斯
保证说穿越大西洋是通往这片盛产香料的东方地区的近路，具
体来说就是比此时的商人们采用的陆上线路近。这样一条路线
在此时显得尤为重要的原因是 1453 年土耳其人占领君士坦丁
堡之后，欧洲人通过陆路前往印度的路线就被封锁了。因此，
托斯卡内利似乎就成了历史上第一位提出向西航行前往印度的
观点的人。

　　阿方索国王没有采纳托斯卡内利的计划，尽管他是"航
海者亨利亲王"的侄子，但是他的注意力似乎都放到了屠杀
摩尔人上，在茫茫大海中探寻新的岛屿引不起他的兴趣。然而
七年之后，费尔南·马丁内斯的一个亲戚主动联系了天文学
家，这位充满野心又容易兴奋的热那亚船长正是克里斯托弗·
哥伦布（Christopher Columbus）。哥伦布是一位航海方面的专
家，从希腊到冰岛，再到非洲的黄金海岸，他已经驾船走遍了
已知的世界。在前往非洲的航行中，他在水流中发现过遇难船
只的残骸，包括松树木板、粗大的藤条以及其他木材等，这让
他确信西方还有尚未被发现的陆地。返回葡萄牙之后，他看到
了托斯卡内利写给马丁内斯的书信，并深受启发。他把这封信
誊抄在一本地理专著的衬页上，在他随后进行的四次前往新大
陆的航行中，哥伦布一直随身携带着这本书。

　　托斯卡内利给哥伦布回信重申了他坚信可以通过海路前往
印度的观点。他还给哥伦布寄去一份地图，其中将与中国的距
离过于乐观地估计为 6500 英里——这个数字显然是远远低于

实际的，不过它让哥伦布心中充满了希望。这封信和这份地图从此在他脑海里深深扎下了根。然而，哥伦布像托斯卡内利一样没能说服葡萄牙人进行这次航海探险。到 1486 年，他向西班牙的费迪南国王和伊莎贝拉女王的代表提出面见君主的申请。剩下的事儿就是我们都知道的历史了。六年后的 1492 年 8 月 3 日，哥伦布在获得了资金及一系列许诺给他的荣耀和头衔之后，率领着一支只有三条船的小船队在破晓之前从卡塔赫纳（Cartagena）附近的帕洛斯角（Cape Palos）出发。虽然哥伦布之后会带着他一贯的傲慢宣称地图和数学计算对他来说没有任何帮助，但人们难免会问，要是欧洲人不曾拥有保罗·托斯卡内利依靠从圣母百花大教堂的穹顶上收集的数据绘制的地图和表格，他们是否还能这么早、这么容易地发现新大陆。

第十八章　心灵手巧的天才
菲利波·布鲁内莱斯基

建造穹顶塔亭的第一块石料的祝圣礼是由红衣主教安东153尼努斯（Cardinal Antoninus，后来被封为圣安东尼努斯）在1446年3月主持的，他当时刚刚成为佛罗伦萨的大主教。菲利波差点儿赶不上这场典礼，因为他在典礼一个月之后的4月15日这天离开了人世。菲利波似乎并没有缠绵病榻多长时间就病故了。他是在自己生活了一辈子的老宅中去世的，当时陪在他身边的是他的养子兼继承人布贾诺。菲利波享年69岁，此前他已经在圣母百花大教堂工作了超过1/4个世纪的时间。

菲利波是同时期的三位总工程师中第一个去世的。巴蒂斯塔·丹东尼奥比菲利波晚去世五年，去世时已经是一位家境殷实、生活富裕的成功人士了，能给妻子购买精致的珠宝，能给女儿准备丰厚的嫁妆，还在乡下拥有一幢房子。巴蒂斯塔1451年去世的时候是67岁，从他成年开始，他把一生都献给了圣母百花大教堂的建造工作。

洛伦佐·吉贝尔蒂去世时已经是77岁高龄。菲利波去世一年后的1447年，吉贝尔蒂完成了总共有十个场景的代表作——被称为"天堂之门"的第二套洗礼堂铜门，不过给这些铜板加框和镀金的工作还要再花掉五年的时间。包括设计、

154 制作模具、铸造处于不同建筑背景或自然背景中的成百上千个
人物是一项无比艰巨的任务，更何况所有人物的展现方式都采
取了精妙的透视法（足见菲利波的创新之一带来的影响）。因
为铜门受到了人们的高度崇敬——米开朗琪罗就是一位热情的
仰慕者，"天堂之门"的名号就是拜他所赐，所以布料商人行
会下令将这套铜门安装到洗礼堂面对大教堂的一侧，而1424
年完工的那套则被移至圣乔瓦尼洗礼堂的北侧，也就是人们最
初预计安装那套铜门的地方。

　　布料商人行会一直向洛伦佐支付着高额的薪水，每年200
弗洛林币的数目是菲利波在穹顶工程上获得年薪的两倍。所以
到1442年时，洛伦佐有足够的钱在乡下买一片地产，其中还
包括一幢宏伟的庄园主宅邸。与菲利波终其一生都生活在同一
栋房子里，对于自己的财务状况毫不挂心不同，洛伦佐一直对
于购置房产和进行投资充满兴趣。他在佛罗伦萨有房子，还有
一个作坊。洛伦佐的作坊生意兴隆，规模很大，雇用了25名
学徒。除此之外，他在乡下拥有一个葡萄园，还在佛罗伦萨的
山坡上购买过一个农场。① 洛伦佐一直是一个生意人，他在圣
吉米尼亚诺镇附近的瓦尔·黛尔莎（Val d'Elsa）投资了养羊
的生意。不过，那里的庄园主宅邸才是他真正的至高荣耀。这
栋大宅完全可以成为一位爵爷的住所，建筑中不仅包含塔楼、
护城河和围墙，还有一个能拉起放下的吊桥。在15世纪40年
代晚期，当洛伦佐把作坊里的工作交给两个儿子中的小儿子维

---

① 菲利波曾经借这个农场取笑洛伦佐乱花钱。购买这个名叫"莱普里阿诺"
（Lepriano）的农场被证明是一项不成功的投资，洛伦佐后来不得不将它
卖掉。几年后，当有人问菲利波认为洛伦佐最杰出的成就是什么时，菲利
波回答是"卖掉莱普里阿诺"。——作者注

托里奥（Vittorio）处理之后，他就正式退休，搬到这栋大宅里生活了。他的妻子马尔西利亚出身自一个贫困的梳毛工家庭，这个新环境的规模和气派肯定都令她感到吃惊。1447年年底至1448年年初的那个冬天，洛伦佐就是在这栋房子里回顾了自己的一生并撰写了一本自传，迫切地想要让后世记住他的一世英名。1455年12月洛伦佐去世时，他已经是他所处的那个时代中最有影响力的雕塑家了。他在自传中宣称，所有在佛罗伦萨制作的重要艺术作品中，没有几个是他不曾参与其中的。客观地说，这样的说法并不完全是自吹自擂。

155

　　根据瓦萨里的说法，菲利波的突然离世让佛罗伦萨人沉浸在巨大的悲痛中，在他死后，人们反而比他在世时更加珍视他做的一切。据说连他的敌人和竞争者也为他的死而哀伤。不过与在圣彼得大教堂的穹顶建成前就去世的米开朗琪罗不同，菲利波至少亲眼见证了自己伟大的穹顶彻底完工（除了塔亭）。

　　菲利波的葬礼是在圣母百花大教堂举行的。他被白色棉布包裹着安放在他十年前建成的宏伟的拱顶之下，他的周围还点着许多蜡烛。成千上万名哀悼者从遗体旁走过，其中还包括工程委员会的监管者们、羊毛业行会的执事们，以及参加了大教堂建造工程的泥瓦匠们。接下来，人们熄灭了蜡烛，将遗体转移到钟楼里。总工程师的遗体在那里又停放了一个月之久，因为这段时间里，人们始终为究竟该将菲利波安葬于何处而争论不休。会出现这种争论足以证明瓦萨里宣称的就连菲利波的敌人都为他的死而哀伤显然是在夸大其词。这种拖延很可能就是因为反对布鲁内莱斯基的一派不愿让他获得体面气派的安葬，这些反对派很可能还是在几年前导演了他被捕入狱事件的那些人。哪怕是在去世之后，菲利波仍然是争议的主角。①

他的支持者们最终获得了胜利。虽然菲利波的家族在圣马可教堂（San Marco）中刚刚建造了墓室，而且菲利波的父母都被安葬在那里，但是执政团下令菲利波应当享受被安葬在大教堂中的荣耀，就像法老都要被安葬在自己穷尽一生时间建造的金字塔中一样。1446 年 5 月 15 日，菲利波在大教堂里获得了安息。这样的现实是一种绝妙的讽刺，菲利波虽然没能实现他要在大教堂周围建造一系列小礼拜堂作为佛罗伦萨富有市民的安葬地点的野心，他自己却被安葬在了这里。这当然是一项巨大的荣誉。除菲利波以外唯一被安葬在大教堂中的只有圣泽诺比乌斯，他的年代久远的尸骨就是在几年之前被安葬在由菲利波特别建造的地下室里的。

不过，总工程师自己并没有被安葬在某个专门的小礼拜堂中，他的墓就位于南侧通道地下，接近内里·迪·菲奥拉万蒂建造的曾经令人感觉遥不可及的穹顶模型占据了很多年的地方。菲利波的墓非常简朴（很可能是他的敌人们要求的结果），所以它是在 1972 年人们在大教堂进行考古研究时才被重新发现的。人们没有给总工程师建造宏伟的墓碑，他的墓上只有一块简单的大理石厚石板——那种一旦大理石资源不足，就有可能被拿来改用在穹顶上的石板。石板上的铭文内容如下：

_____

① 对于将一位如此显赫的佛罗伦萨市民的遗体安葬在何处的关切预示了一个多世纪后，当伟大的雕塑家米开朗琪罗在罗马去世后，人们如何将他的遗体包裹在毛料里偷偷地运回佛罗伦萨。他的朋友瓦萨里强调了米开朗琪罗的圣洁，还讲述了他的尸体在他去世 25 天之后仍未出现腐烂迹象，直到最终被安葬在圣十字教堂的"奇迹"。——作者注

　　"长眠于此的是心灵手巧的天才，佛罗伦萨的菲利

波·布鲁内莱斯基"（Corpus Magni Ingenii Viri Philippi

Brunelleschi Fiorentini）

　　由此可见，人们在提到菲利波时并没有直接称其为建筑大师，反而是强调了他在机械方面的心灵手巧，这当然是因为他为修建穹顶而发明了许多机械装置。① 他在机械方面的创造力也是佛罗伦萨总理大臣卡洛·马尔苏皮尼（Carlo Marsuppini）为菲利波撰写的墓志铭中强调的重点。马尔苏皮尼是一位著名的诗人，他的这份墓志铭后来被刻在了大教堂的其他地方。菲利波去世后不久，人们就计划要对他的坟墓进行装饰，内容是将他发明的那些机器的图案刻在大理石石匾上加以展示，这样的做法无疑能够让我们更好地了解菲利波的那些设计。可惜，这个项目根本没有进入执行阶段。

　　1972 年，菲利波的尸骨在长眠于此 500 年后被人们从只盖了简单的厚石板的墓中挖掘出来。此时他的头骨已经破碎成灰，如此的破败与高悬于人们头顶之上的穹顶的宏伟壮观相比，不免更加令人心酸。法医鉴定的结果还显示，菲利波身高不高（不超过 5 英尺 4 英寸），这与当时的记叙相符，哪怕是以 15 世纪的标准来说，他也算是比较矮的。然而他的颅容积却高于平均值。我们能够知道菲利波长什么样是因为工程委员会在他去世后不久就雇用布贾诺制作了一个菲利波头部和肩部

157

① "天才"（genius）和"心灵手巧"（ingenious）这两个词从词源学上来说都与一个描述如何建造机器的词语相关：中世纪拉丁文中的"ingenium"是"机器"的意思，"ingeniator"指的是建造机器的人，通常指的是用于军事目的的机器。——作者注

的石膏模型。这尊闭着眼睛、有些愁眉苦脸的半身像如今被展示在大教堂博物馆（Museo dell'Opera del Duomo），来此参观的游客可以与比一个孩子高不了多少的总工程师面对面。工程委员会还向布贾诺定制了一尊大理石半身像，表现的是菲利波身穿古罗马风格盛装的样子。这尊雕像被展示在大教堂大门右侧，放在它不远处的是阿诺尔福·迪·坎比奥的雕像，在菲利波参与建设一个半世纪以前，正是阿诺尔福开启了这项伟大的工程。

这些官方的致敬方式可能会让我们觉得有些寒酸，毕竟菲利波的成就太惊人了，不过我们应该可以推定菲利波的名望已经超越了在他之前的任何一位欧洲建筑师能够获得的，无论是在他们生前还是身后。如今，人们都习惯了赞颂米开朗琪罗、安德烈亚·帕拉迪奥（Andrea Palladio）和克里斯托弗·雷恩爵士（Sir Christopher Wren）的天才和智慧。对于我们来说，一个建筑师和建筑并不受人尊敬的年代是无法想象的。不过中世纪时的伟大建筑师们几乎都是籍籍无名的。建造了历史上第一座哥特风格建筑——圣德尼教堂（abbey of St. Denis）的泥瓦匠师傅的名字至今无人知晓。至于负责建造命运多舛的博韦大教堂的三位泥瓦匠在相关文件中就被简单地称为大师傅、二师傅和三师傅。关于阿诺尔福·迪·坎比奥和内里·迪·菲奥拉万蒂的信息虽然略多一些，但是我们依然找不到关于他们的生卒年代的信息，更找不到任何关于他们的性格或志向的描述。

建筑师之所以未能被大众所知在某些程度上是因为古代和中世纪时的学者对于从事体力劳动的人存有偏见，他们将建筑视为人类成就中的低级产品，也不认为建筑师是受过良好教育的人的理想职业。西塞罗称建筑是和种地、缝纫及加工金属处于同一水平的体力劳动；塞涅卡在他的《道德书信集》（*Moral Letters*）中将建筑贬低为最低级的四种技能之一，称其是"普通而低劣"（*volgares et sordidae*）的手艺。他宣称建筑作品不过是种手艺活，既无美感，也不具荣耀。就这样，建筑被划入了比"娱乐工艺"还低的等级，而娱乐工艺不过是一些诸如制作用于舞台剧的器械的工作。[1]

菲利波在圣母百花大教堂的工作把建筑师领上了一条完全不同的道路，这条道路能够让他们获得全新的社会地位和智慧层面的尊重。很大程度上就是多亏了他留存在人们心中的显赫声名，建筑活动才能在文艺复兴时期从一种机械技术转变为广义上的艺术，从"普通而低劣"的手艺变为居于文化事业核心位置的尊贵职业。与中世纪的建筑师不同，菲利波绝对不是籍籍无名的，他不使用木制拱架建造穹顶的壮举广为流传。有人用拉丁文为他写诗，有人为他著书立说，有人为他写传记，还有人为他制作半身像和画像：他已经成了一段神话的主题。

最重要的是，菲利波因其具有的"天赋"（*ingegno*）而受到人们的赞颂，这个词语是意大利人文主义哲学家们用来描述一个人的创新能力的词语。[2]在菲利波的时代以前，人们从来不认为建筑师拥有什么天赋（他们也不认为雕塑家或画家有任何天赋）。[3]但马尔苏皮尼在菲利波的墓志铭中称其拥有"神赐的天赋"（*divino ingenio*），这也是第一个有记录的称建筑师或雕塑家是受到了神圣灵感的启发而完成自己作品的例子。对于瓦萨里来说，总工程师就是上帝派来拯救停滞不前的建筑学的天才，他的作为几乎可以与耶稣基督被派到世上来救赎人类相提并论。从他不容置疑的才华中，文艺复兴时期的作家们找到了当代人能够和古人一样伟大，甚至超越他们成就的证据，尽管他们正是从前人身上来寻求灵感的。

第十九章　安乐窝

在圣母百花大教堂工作的泥瓦匠们每天早上天没大亮的时
候就要来到工地现场，他们先把自己的名字刻在石膏板上，然
后就开始沿着几百层台阶爬上作业平台。泥瓦匠们对于这种危
险费力的攀爬已经再熟悉不过了，他们紧抓着自己的工具、装
葡萄酒的酒瓶、装午餐的皮袋，每踩上一节砂岩踏板，都会发
出鞋底与石板摩擦的声音。他们从建筑内部穿过的时候，会有
一系列照明设施照亮他们攀爬的路线。菲利波一直很关注工人
的安全问题，所以他设计了这些设施来防止工人们在黑暗的楼
梯井中被绊倒甚至跌落。[1]

从地面到鼓座顶部总共有四组楼梯，支撑穹顶的四个巨大
的扶垛内各有一个楼梯间，沿着这些楼梯可以进入穹顶内部。
在建造过程中，两个楼梯间是用来向上爬的，另外两个是用来
向下走的，这样就可以避免拿着沉重工具的石匠们在有限的空
间里迎面撞到一起。工人们肯定需要身体状况非常良好才能保
住这份工作，因为到15世纪30年代的时候，他们每天都要先
爬到相当于40层楼高的地方才能开始工作。

起初人们曾担心这四个楼梯间会减弱扶垛的支撑力，穹
顶的重量据估计能够达到37000吨，如果承担着穹顶绝大部
分重量的扶垛不稳固，那么结果将是灾难性的。[2]早在14世纪
80年代就有一些泥瓦匠师傅提议用砖块把楼梯间垒实，然后

再另想办法让工人们抵达建造穹顶的作业平台。不过这些担忧被证明是没有依据的，还好人们并没有将那些建议付诸实践，所以今天的人们仍能够沿着泥瓦匠们攀爬过的路线登上穹顶。

今天的人们想爬上穹顶制高点总共要走 436 级台阶。游客从西南方向的扶垛出发，先穿过代卡诺尼奇门（Porta dei Canonici），再穿过一个小得多的印着羊毛业行会纹章"神羔羊"（agnus dei）的小门。走完这最初的 150 节台阶就能抵达扶垛顶部。这段台阶是螺旋式的，向上爬的时候朝逆时针方向转，向下走时则朝顺时针方向。这样能够避免让辛苦了一天的工人在下楼梯时失去方向感。总工程师乔瓦尼·丹布罗焦正是在 1418 年败给了这 150 级台阶，每一位气喘如牛的游客一定都能感同身受：他就是因为没法爬上这些台阶去检查工人的工作进展才不得不让贤的。

西南方向扶垛内层楼梯最终能够通往环绕在穹顶底部的内侧平台。1420 年夏天，泥瓦匠们就是在这里举行了有面包和甜瓜的小型宴会。站在这个当时的制高点上，他们一定已经意识到了即将开始的工程有多么恢宏，因为那里正是穹顶跨度最大的位置，从那里向下看到的就是一个巨大深邃到能够发出回声的空洞。从教堂内部抬头向上看，高悬的穹顶上如今装饰着世界上最大的壁画之一，即瓦萨里创作的《末日审判》（Last Judgment），画面中有不少打着手势的骷髅和体型巨大、举着干草叉的恶魔。[3]菲利波预计到了这里要绘制壁画，所以在内层穹顶上安装了铁环，为的就是将来人们可以从这里悬吊进行绘画的平台。穹顶上还开了一些小窗户，画家可以从这些窗户里钻出来爬上悬吊的平台开始绘画。

穹顶的内侧平台上有一个小门是通往两层穹顶之间逐渐变窄的空间的，那里有另一段向上爬的楼梯。那段楼梯也是与穹顶同时建造的，经过了 500 多年的使用之后，依然没有明显的损坏痕迹。楼梯上的台阶也是用从特拉西尼亚采石场运来的砂岩条石建造而成的。楼梯右侧是略微向内倾斜的内层穹顶的被抹了灰泥的外表面，外层穹顶则在人们头顶上形成了一个与内层穹顶几乎平行的弧度。在这两层倾斜的墙壁之间，有让人晕头转向的低矮的门道、拥挤的走道和不规则的通向高处的楼梯，沿这些楼梯向上爬会让人感觉有点儿像进入了埃舍尔（Escher）的错觉平版画。似乎有点儿讽刺的是，这第一座"文艺复兴式"建筑的外观是那么规整而优雅，而其内部却暗藏着这样一个阴暗发霉、混乱不堪的迷宫。

就是在两层穹顶之间这个令人迷惑、闭塞局促的空间里，人们才能近距离研究菲利波和他的泥瓦匠们使用的那些建筑技巧。内层穹顶外表面灰泥脱落的地方显露出下面的鱼骨形纹路，那些细长的砖块不知要经过多少道工序才能被打磨成这样如玻璃般的光滑。在另外一些地方，能够看到石链中横向摆放的短条石悬在人们头顶之上，像某种粗大的椽子一样。部分木链也是暴露在外的，有些木材的位置很低，今天的游客们甚至可以亲手摸一摸。不过原本的栗木木梁在 18 世纪时就开始腐烂了，所以现在这些都是更换过的。

攀爬过程中最令人震惊的一点是人们能够看到外层穹顶上存在一系列像炮眼一样的小圆窗，光线和空气可以通过窗口进入潮湿阴暗的石料形成的通道。透过这些窗口，人们还可以看到延伸向远处的佛罗伦萨城中的杂乱无章的屋顶。这样的小圆窗总共有 72 个，它们是菲利波为穹顶设计的防风措施的一部分，就好像遇到龙卷风时，如果打开房屋的门窗，房间受到的破坏反而会小一些一样，这些小窗也能够在强风情况下保护穹顶结构。每到风大的日子，人们都可以听到空气从这些窗口中穿过时发出的尖啸。

最后一段阶梯能够通向塔亭底部的八角形观景平台（这段楼梯头顶上的外层穹顶被进行了削减，为的是让楼梯上方拥有更多净空高度）。在通过了一段会产生回音、还能让人失去方向感的通道之后，突然来到室外，站在高出地面这么多的地方，感受流动的空气和明亮的光照，俯瞰让人目不暇接的佛罗伦萨全景和仿佛是被踩在脚下的围绕着城市的群山，谁能不感

163 到些许震撼呢？人们头顶上方塔亭的扶壁仿佛大理石做成的树干一般。从这么近的地方观察，人们也许就能体会到那些5000 磅重的石块的巨大体积，以及它们是经过了怎样精准的切割后才能被拼接在一起的。走到靠近观景平台边缘的地方，人们还可以看到穹顶顶部铺着瓦片的部分形成了一种非常陡峭的急速下落的弧度。由此可以看出"五分尖"的另一个明显的优点：穹顶坡度陡峭意味着站在顶部的人几乎可以直接看到下方的广场——同样的，站在地面上的人即使距离教堂很近，也可以抬头就看见穹顶的大部分，甚至是塔亭。

今天的游客们在观景平台上停留个 10 ~ 15 分钟就可以下去了（有些人还会拿着穹顶形状的雨伞，佛罗伦萨市场中的摊位上就会出售这种商品）。人们会在平台上拍照留念，辨认远处熟悉的地标景点，甚至会偷偷摸摸地将自己名字的缩写刻在塔亭的扶壁上，那里现在已经布满了各种涂鸦。对于大多数游客来说，攀爬台阶是达到目的的手段，是想要看到城市全景就不得不忍受的折磨。不过几个世纪之前，一群更有意思的人

也爬上了这里。16 世纪 40 年代晚期，已经是一位老者的米开朗琪罗在被任命为圣彼得大教堂的总工程师之后，获得许可带领两位助理进入穹顶，这样他们就可以在开始建造圣彼得大教堂的鼓座之前先考察一下菲利波的建筑方法。米开朗琪罗这位骄傲的佛罗伦萨人最终也不得不承认，他可以建一个和菲利波的穹顶一样好的构造，但是绝不可能再超越他的成就了。实际上，他甚至都没能建一个一样好的，因为 1590 年完工的圣彼得大教堂的穹顶跨度比圣母百花大教堂的小了大约 10 英尺，而且有人认为它在优雅美观和视觉冲击力的层面上更是远不及后者。

圣母百花大教堂的高度和跨度至今仍没有被真正超越过。克里斯托弗·雷恩爵士建造的伦敦圣保罗大教堂的穹顶直径是 112 英尺，比圣母百花大教堂的小 30 英尺。建造时间更晚的位于华盛顿哥伦比亚特区的美国国会大厦的穹顶跨度则只有 95 英尺，还不及圣母百花大教堂穹顶的 2/3。直到 20 世纪，人们才建造起跨度更宽的穹顶，不过那些穹顶使用的都是塑料、高碳钢和铝材等现代轻质建筑材料。使用这些材料让人们 164 能够建造像巨大的帐篷一样的结构，比如休斯敦的阿斯托洛穹顶运动场（Astrodome），或巴克敏斯特·富勒（Buckminster Fuller）发明的质量轻，可用预制构件组装的网格球顶。可是即便如此，20 世纪的大型混凝土拱顶建造大师皮耶尔·路易吉·内尔维（Pier Luigi Nervi）依然效仿了米开朗琪罗的做法，他在 20 世纪 30 年代初开始研究他准备应用于修建梵蒂冈观众大厅和罗马小体育宫（Palazzo dello Sport）的拱顶的技术之前，也对圣母百花大教堂进行了专门的考察。曾经在罗马遗迹中探索的"寻宝者"菲利波创造的杰作成为他之后的一代代建筑师们研究的目标似乎再合适不过了。

能言善辩的阿尔贝蒂在他的著作《论灵魂的宁静》中恰如其分地描述了穹顶产生的效果。在这篇论文中，心灰意冷的政治家阿尼奥洛·潘多尔菲尼通过在自己纷乱的脑海中幻想巨型起重机和吊车的构造来获得慰藉。当政治家与自己的同伴，失败的银行家尼古拉·德·美第奇一起在大教堂中漫步谈心时，阿尔贝蒂借政治家之口将精神境界的平静与圣母百花大教堂内部的祥和做比。对于阿尼奥洛来说，大教堂就是在重压之下仍保持优雅的典范，他认为冲击教堂外墙的恶劣的天气情况就好比一个人在财务上遭受的冲击，无论外面情况如何，教堂内部依然是平静祥和的。

> 在这里面，人们呼吸的是四季如春的新鲜空气，外面可能结了冰霜、下着大雾或刮着狂风，不过在这个隐居处，人们感受不到任何风吹草动，空气是宁静而温和的。在夏天和秋天的燥热中，这里是一个多么令人愉悦的避难所！如果说安乐存在于我们对能从自然获取的一切的感知，那么谁都会毫不犹豫地称这座教堂为名副其实的安乐窝！

然而，尽管大教堂和它的穹顶已经极尽宏大壮丽之能事，但实际上这个建筑并不如阿尼奥洛提到的那样能够不受外界环境的影响。瓦萨里宣称，连神都嫉妒穹顶之美，所以每天用闪电霹它。随着时间的推移，这样的打击给穹顶造成了严重的破坏。当时人们还没有任何抵御闪电的办法，避雷针系统是直到

19 世纪下半叶才被安装到大教堂上的，到那时，塔亭已经经历过多次必要的大修了。① 闪电造成损害最严重的例子发生在 1492 年 4 月 5 日。几吨重的大理石被闪电劈碎，瀑布一般落到了穹顶北面的大街上。卡雷吉别墅（Villa Careggi）就矗立在那个方向之外的远山上。这个别墅是科西莫·德·美第奇的孙子洛伦佐·德·美第奇的乡村宅邸，洛伦佐和科西莫一样是佛罗伦萨的统治者，也是慷慨的艺术资助者。对于当时正发着烧，躺在别墅中养病的洛伦佐来说，这次破坏性灾难的意义不言自明——他在听到别人告诉他坠落的石块是朝着自己的方向时喊道："我死定了！"洛伦佐的医生试图扭转他的命运，给他喝下了用磨成粉的钻石和珍珠制成的药剂，并警告他不能吃葡萄籽，还要避免接触日落时的室外空气，因为这两样东西对于他的病情来说都是致命的。不过这一切都是白费周章，洛伦佐最终还是如他预言的一样，在三天后的耶稣受难日这天去世了。

1639 年，内层穹顶内部出现了一系列裂纹，这些裂纹与几乎同时出现在圣彼得大教堂穹顶上的那些裂纹很相似。裂纹从"眼睛"一直延伸到鼓座的位置，将瓦萨里的壁画分割成了很多块。很多裂纹都是沿着鱼骨式连接的纹路裂开的。造成这种现象的原因以及应当采取什么样的补救措施至今还是人们辩论的话题。人们在内层穹顶上钻了一些孔洞，并在里面插入复杂的热测量仪器。1970 年时，罗兰·梅因斯通提出可能的原因之一是砂岩石链中的铁条胀大了。他认为铁条

---

① 古罗马人采取一种不值得相信的办法来防止自己的建筑遭受闪电袭击：他们相信鹰和海豹是永远不会被闪电击中的，所以他们将这些动物的尸体埋在建筑的墙壁中，希望能借此避免灾祸。——作者注

体积增大的原因可能是温度的变化以及有水分渗透进石料造成的铁条生锈。罗兰·梅因斯通还发现圣彼得大教堂穹顶上产生的裂纹是因为建筑存在先天结构缺陷，而圣母百花大教堂穹顶的裂纹则不是出于相同的原因，因为圣母百花大教堂使用的建筑材料是完全能够承受穹顶产生的压力的。[4]另一个原因可能是圣母百花大教堂令人担忧的地基问题：20 世纪 70 年代时，一位水文学家发现有一条隐蔽的水流从穹顶西南角的地下流过，就在游客们开始爬楼梯的那个楼梯间所在的扶垛的正下方。换句话说，这个巨大的穹顶其实是建在一条地下河流上的。

1601 年塔亭被闪电击中之后，人们搭起了脚手架对其进行维修

梅因斯通提出了自己的分析之后不久，受意大利政府委托的一个委员会就发布报告称穹顶内的裂纹正在越变越长、越变越宽，这样的结论引发了广泛的担忧，不过它其实是因为几个月前从穹顶坠落的一大块瓦萨里的壁画而引起的夸大其词的说

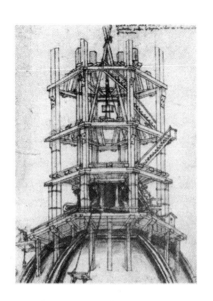

对圣母百花大教堂的塔亭维修时搭建的脚手架

法。情况之所以会持续恶化应当被归咎于一种菲利波再聪明也不可能预计到的影响因素，那就是繁忙的交通。于是，官方立刻禁止了轿车和公共汽车在大教堂周围行驶。直到今天，依然是只有清晨时分负责收垃圾的垃圾车可以从主教堂广场上通过。多年来饱受异常天气侵扰的菲利波的穹顶，现在也可以免受机动车的祸害了。

时至今日，已经建成 500 多年的宏伟如山的穹顶依然是佛罗伦萨最具统治力的景象。当你在狭窄的街道上漫步，或是不期然地转过某个街角，或是走进主教堂广场时，你都能看到高高在上的穹顶。无论是从圣米尼亚托主教堂的台阶上，从咖啡馆的露台上，还是从酒店房间的阳台上（就如在福斯特的小

167

说《看得见风景的房间》中，主人公露西发现的那样），你都能看到大教堂的穹顶。

天气晴朗的时候，连位于佛罗伦萨以西15英里之外的皮斯托亚的人们都可以看到圣母百花大教堂的穹顶。15世纪时，这里的市民还将一条街重命名为"显灵街"（Via dell'Apparenza），仿佛这个穹顶不是用砖块、石料和大理石建造的工程壮举，而是某种奇迹一般突然出现的东西，是上帝或他的天使们在阿诺河河谷中施展了神威，才能在一夜之间将自己的作品转化为实实在在的建筑，就好像佛罗伦萨人相信圣母领报大教堂（Santissima Annunziata）的修道院里的壁画是由一位天使绘制的一样。穹顶的景象确实称得上某种奇迹，无论你是远远观望还是靠近细看，它都同样能震慑人心。穹顶是由人类建造的，是在一段充斥着战争和诡计的年代中建造的，而且建造它的人们对于自然力的了解还非常有限，这些事实加在一起，让它成了更令人惊奇的存在。

注　释

第一章　一座更美观、更荣耀的神殿

1. 参见 Franklin K. B. Toker, "Florence Cathedral: The Design Stage," *Art Bulletin* 60 (1978): pp. 226 – 224。

2. 虽然内里在设计穹顶的过程中具体扮演了一个什么样的角色还无法确定，但他在相关文件中一直被指称为委员会领头人：1367 年的项目被描述为"由内里·迪·菲奥拉万蒂和其他师傅及画家一起完成"(*facto per Nerium Fioravantis et alios magistros et pictores*)。委员会的其他成员还包括：曾经作为乔托助理的塔代奥·加迪 (Taddeo Gaddi)；安德烈亚·皮萨诺的学生安德烈亚·奥尔卡尼亚，他是乔托去世之后佛罗伦萨最受人尊敬的艺术家；此外还有奥尔卡尼亚的兄弟本奇·迪·乔内 (Benci di Cione)。

3. 这之后的很长时间里，西班牙建筑师安东尼奥·高迪 (Antonio Gaudí) 称哥特式教堂上的飞扶壁为丑陋的"拐杖"，他想要设计出一种能够将水平方向的推力更直接地传导到地面上的结构。参见 Jack Zunz, "Working on the Edge: The Engineer's Dilemma," in *Structural Engineering: History and Development*, ed. R. J. W. Milne (London: E. & F. N. Spon, 1997), 62。

4. 鼓座的计划究竟是何时形成的我们无从知晓，其最初的设计者是谁也已经很难确定。并非一贯值得信赖的乔焦·瓦萨里宣称这个设计也是出自布鲁内莱斯基之手：参见 *Lives of the Artists*, 2 vols, ed. and trans. George Bull（Harmondsworth, England：Penguin, 1987）, 1：141。他的论点获得了以下作者的认同：Carlo Guasti, *La cupola di Santa Maria del Fiore*（Florence, 1857）, 189 - 190; and Frank D. Prager and Gustina Scaglia, *Brunelleschi：Studies of His Technology and Inventions*（Cambridge, Mass.：MIT Press, 1971）, 18 - 22。另外一些学者则认为这个计划形成的时间要远远早于布鲁内莱斯基的时代，他们认为可能的设计者包括：阿诺尔福·迪·坎比奥、乔瓦尼·迪·拉波·吉尼或安德烈亚·奥尔卡尼亚。参见 A. Nardini-Despotti-Mospignotti, *Filippo Brunelleschi e la cupola*（Florence, 1885）, 97; E. von Stegmann and H. von Geymüller, *Die Architektur der Renaissance in der Toskana*（Munich, 1885 - 1893）, 38ff; and Howard Saalman, *Filippo Brunelleschi：The Cupola of Santa Maria del Fiore*（London：A. Zwemmer, 1980）, 48。

5. 拉韦纳的圣维塔莱教堂（San Vitale in Ravenna）穹顶建造于公元 6 世纪，它采用的就是双层结构。距离更近一些的例子是佛罗伦萨的圣乔瓦尼洗礼堂，严格来说，它的穹顶也是双层的，其特点是在一个八角形的拱顶上加了一个木制的锥状顶。人们通常认为圣乔瓦尼洗礼堂的穹顶就是圣母百花大教堂的样板。圣母百花大教堂的穹顶建好后，就成了欧洲穹顶的标准样式，连罗马的圣彼得大教堂的穹顶也是效仿这个先例建造的。克里斯托弗·雷恩爵士设计的伦敦圣保罗大教堂甚至采用了三个穹顶套在一起的结构。

第二章　圣乔瓦尼的金匠

1. 关于布鲁内莱斯基作为钟表匠的工作经历，参见 Frank D. Prager， "Brunelleschi's Clock?" *Physis 10*（1963）：203 - 216。

2. 这个观点是由 Frederick Hartt 提出的，请见 "Art and Freedom in Quattrocento Florence," in *Essays in Memory of Karl Lehmann*, ed. Lucy Freeman Sandler（New York：Institute of Fine Arts，1964），124。

3. 参见 Richard Krautheimer， *Lorenzo Ghiberti*（Princeton， N. J.：Princeton University Press，1956），3。

第三章　寻宝者

1. 关于这种联系的经典论述，参见 Hans Baron， *The Crisis of the Early Italian Renaissance：Civic Humanism and Republican Liberty in an Age of Classicism and Tyranny*（Princeton， N. J.：Princeton University Press，1955）。

2. 这个法令要求佛罗伦萨的商人使用更烦琐的罗马数字而非阿拉伯数字，因为后者的字形还没有完全标准化，所以有可能会造成混乱和错误。抵制阿拉伯数字符号的活动在中世纪的欧洲非常常见。参见 David M. Burton， *Burton's History of Mathematics*（Dubuque，Iowa：William C. Brown，1994），255。

3. 马内蒂和瓦萨里奉菲利波为罗马建筑的复兴者，不过近年来有不少学者对这一说法进行了仔细的研究，他们辩论说菲利波使用的建筑元素（三角楣饰、半圆拱、带凹槽的半露壁柱和科林斯式柱头）可能都是从位于离他家乡不远的地方，且建造于更接近他生活的年代的建筑上学到的。参见 Howard Saalman，"Filippo Brunelleschi: Capital Studies," *Art Bulletin 40* (1959): 115ff; Howard Burns，"Quattrocento Architecture and the Antique: Some Problems," in *Classical Influences on European Culture*, ed. R. R. Bolgar (Cambridge: Cambridge University Press, 1971), 269 – 287; and John Onians, *Bearers of Meaning: The Classical Orders in Antiquity, the Middle Ages, and the Renaissance* (Cambridge: Cambridge University Press, 1988), 130 – 136。例如，Onians 就认为菲利波应该是一位"托斯卡纳文艺复兴者"而不是罗马的复兴者：菲利波认为自己的任务"主要是让托斯卡纳地区以洗礼堂为最高水平代表的简单原始的建筑更纯粹、更体系化"（136）。Onians 甚至认为菲利波前往罗马的经历是马内蒂编造的。不过关于这些短期逗留的证据可见于 Diane Finiello Zervas，"Filippo Brunelleschi's Political Career," *Burlington Magazine* 121 (October 1979): 633。一个证明菲利波研究了罗马遗迹，特别是建筑细节的例子可见于 Rowland Mainstone，"Brunelleschi's Dome of S. Maria del Fiore and some Related Structures," *Transactions of the Newcomen Society* 42 (1969 – 1970): 123; and Mainstone，"Brunelleschi's Dome," *Architectural Review*, September 1977, 164 – 166。

第四章 一个胡言乱语的傻子

1. 参见 Martin Kemp，"Science, Non-science and Nonsense: The Interpretation of Brunelleschi's Perspective," *Art History*, June 1978, 143 – 145; and Jehane R. Kuhn，"Measured Appearances: Documentation and Design in Early Perspective Drawing," *Journal*

of the Warburg and Courtauld Institutes 53（1990）：114 – 132。

2. Mainstone，"Brunelleschi's Dome，" 159.

3. 参见 J. Durm，"Die Domkuppel in Florenz und die Kuppel der Peterskirche in Rom，" *Zeitschrift für Bauwesen*（Berlin，1887），353 – 374；Stegmann and Geymüller，*Die Architektur der Renaissance*，and Paolo Sanpaolesi，*La cupola di Santa Maria del Fiore*（Rome：Reale Istituto d'Archaologia e Storia dell'Arte，1941）。

第五章　冤家路窄

1. 有观点认为洛伦佐也与菲利波一样提出了不使用支架给穹顶建拱的方案，参见 Paolo Sanpaolesi，"Il concorso del 1418 – 20 per la cupole Notes di S. Maria del Fiore，" *Rivista d'arte*，1936，330。不过没有证据能证明这种说法，参见 Krautheimer，*Lorenzo Ghiberti*，254。

2. 巴尔巴多里堂是由巴尔托洛梅奥·巴尔巴多里（Bartolomeo Barbadori）捐资建造的，他是一名富有的毛料商人，1400 年因感染瘟疫去世。他的儿子托马索在 1418 年时担任过大教堂工程委员会的委员。里多尔菲堂是由在 1418 年时担任羊毛业行会执事的斯基亚塔·里多尔菲（Schiatta Ridolfi）捐资建造的。

3. Marvin Trachtenberg，review of *Filippo Brunelleschi*，by Howard Saalman，*Journal of the Society of Architectural Historians* 42（1983）：292.

4. 支持菲利波就是该文件作者的观点，参见 Saalman，*Filippo Brunelleschi*，77 – 79。

第六章　无家无名之人

1. Sanpaolesi, *La cupola di Santa Maria del Fiore*, 21.

2. Vincent Cronin, *The Florentine Renaissance* (London: Collins, 1967), 96.

3. WilliamBarclay Parsons, *Engineers and Engineering in the Renaissance* (Baltimore: Williams & Wilkins, 1939), 589.

第七章　闻所未闻的机器

1. 这些尺寸的计算结果出自 Frank D. Prager, "Brunelleschi's Inventions and the Renewal of Roman Masonry Work," *Osiris* 9 (1950): 517。

2. Ibid. , 524.

3. Ibid. , 517.

4. Prager and Scaglia, *Brunelleschi: Studies of his Technology and Inventions*, 80.

5. 参见 Paul Lawrence Rose, *The Italian Renaissance of Mathematics: Studies in Humanists and Mathematicians from Petrarch to Galileo* (Geneva: Librairie Droz, 1975)。

6. 关于可能出自菲利波之手的钟表设计的内容，参见 Prager, "Brunelleschi's Clock?" 203 – 216。

第八章　石链

1. Hugh Plommer, ed. , *Vitruvius and Later Roman Building Manuals* (Cambridge: Cambridge University Press, 1973), 53.

2. John Fitchen 注意到除了圣索菲亚大教堂之外，还有很多拜占庭式教堂的结构中都包含了用于减轻地震影响的木制连接。参见 *The Construction of Gothic Cathedrals：A Study of Medieval Vault Erection*（Oxford：Oxford University Press，1961），278。

3. Mainstone，"Brunelleschi's Dome of S. Maria del Fiore，"116.

第九章　胖木匠的故事

1. 这个故事出自 Thomas Roscoe，ed.，*The Italian Novelists*，4 vols.（London，1827），3：305 – 324。

第十章　五分尖

1. 讲述这个故事的既不是马内蒂也不是瓦萨里，它唯一的来源是乔瓦尼·巴蒂斯塔·内利在他于 16 世纪出版的 *Brevi vite di artisti fiorentin* 中讲到的内容。

2. Maurice Dumas，ed.，*A History of Technology and Invention*（London：John Murray，1980），397.

3. Eugenio Battisti，*Brunelleschi：The Complete Work*，trans. Robert Erich Wolf（London：Thames & Hudson，1981），361. 一些学者提出存在着另一种不同的控制曲度的方法，即 1426 年穹顶工程修正案中提到的所谓的 *gualandrino con tre corde*。这个方法的步骤包括一系列使用三条沿穹顶直径拉直的绳索进行的复杂的三角测量。关于重建，参见 Mainstone，"Brunelleschi's Dome，" 164；and Saalman，*Filippo Brunelleschi*，162 – 164。不过，*gualandrino* 实际上并不是一种曲度控制系统，而是泥瓦匠身上系的安全绳，参见 Battisti，*Brunelleschi*，

361。

4. 参见 Howard Saalman，"Giovanni di Gherardo da Prato's Designs Concerning the Cupola of Santa Maria del Fiore in Florence," *Journal of the Society of Architectural Historians* 18 (1950)：18。

第十一章　砖块与砂浆

1. 关于佛罗伦萨的烧砖行业的信息，我参考了 Richard A. Goldthwaite，*The Building of Renaissance Florence：An Economic and Social History* (Baltimore：The Johns Hopkins University Press，1980)，171 – 172。

2. Saalman，*Filippo Brunelleschi*，199.

3. Mainstone，"Brunelleschi's Dome of Santa Maria del Fiore," 141. 根据 Mainstone 的计算，以这样的速度砌砖，"在开始砌新一层之前，旧的一层有充足的时间实现自我支撑"(114 – 115)。

4. Samuel Kline Cohn Jr.，*The Laboring Classes in Renaissance Florence* (New York：Academic Press，1980)，205.

5. Vasari，*Lives of the Artists*，1：156.

6. Mainstone，"Brunelleschi's Dome of S. Maria del Fiore," 113.

7. 参见 Robert Field，*Geometrical Patterns from Tiles and Brickwork* (Diss，England：Tarquin，1996)，14，40；and Andrew Plumbridge and Wim Meulenkamp，*Brickwork：Architecture and Design* (London：Studio Vista，1993)，146 – 147.

8. 参见 Iris Origo, "The Domestic Enemy: The Eastern Slaves in Tuscany in the Fourteenth and Fifteenth Centuries," *Speculum: A Journal of Mediaeval Studies* 30 (July 1995): 321 – 356。

第十二章　一圈接一圈

1. 参见 Christine Smith, *Architecture in the Culture of Early Humanism: Ethics, Aesthetics and Eloquence, 1400 – 1470* (Oxford: Oxford University Press, 1992), 40 – 53。

2. 这个观点出自 Smith, *Architecture in the Culture of Early Humanism*, 45。

3. Mainstone, "Brunelleschi's Dome," 163.

4. Ibid., 164.

5. 参见 Karl Lehmann, "The Dome of Heaven," *Art Bulletin* 27 (1945), 1 – 27; and Abbas Daneshvari, *Medieval Tomb Towers of Iran: An Iconographical Study* (Lexington: Mazdâ Publishers, 1986), 14 – 16。

第十三章　阿诺河中的"怪兽"

1. M. E. Mallett, *Florentine Galleys of the Fifteenth Century* (Oxford: Clarendon Press, 1967), 16.

2. 参见 Maximilian Frumkin, "Early History of Patents for Invention," *Transactions of the Newcomen Society* 26 (1947 – 1949): 48。

3. Prager and Scaglia, *Brunelleschi: Studies of His Technology and Inventions*, 111.

4. Ibid.

第十四章　卢卡溃败

1．Prager and Scaglia, *Brunelleschi：Studies of His Technology and Inventions*，131．

2．Ibid．

第十五章　江河日下

1．Goldthwaite, *The Building of Renaissance Florence*，257．

2．参见 Zervas，"Filippo Brunelleschi's Political Career，" 630－6d39。

3．Battisti, *Filippo Brunelleschi*，42．

第十八章　心灵手巧的天才菲利波·布鲁内莱斯基

1．*Ad Lucilium Epistulae Morales*，3 vols．，trans．Richard M. Gummere（London：Heinemann，1920），2：363．

2．参见 Smith, *Architecture in the Culture of Early Humanism*，30；and Martin Kemp，"From *Mimesis* to *Fantasia*：The Quattrocento Vocabulary of Creation，Inspiration and Genius in the Visual Arts，" *Viator* 8（1977）：394。

3．就此内容的讨论可参见 Kemp，"From *Mimesis* to *Fantasia*，" 347－398。

第十九章　安乐窝

1．很遗憾，关于照明体系的细节没有留存下任何记录，所以我们只能做出一些推测。不过当时的炼金术师对于能够持续燃烧的火焰都很感兴趣，这样的兴趣可能是受罗马历史中关于如何在维斯塔神庙中点燃永恒不熄的火焰的故事的启发。于是他们进行了一些实验，比如在灯油里加盐，好让它的燃烧速度变慢。另一些实验还包括用"不易燃"的石头做灯芯，结果当然同样是以失败告终的。关于这些实验的讨论，参见 Giovanni Battista della Porta, *Natural Magick in XX Books* (London, 1658), 303。

2. Paolo Galluzzi, *Mechanical Marvels: Invention in the Age of Leonardo* (Florence: Giunti, 1996), 20.

3. 这幅壁画是 1572 年由瓦萨里开始创作，在他去世后由费代里科·祖卡罗（Federico Zuccaro, 1540—1609）完成的。该壁画分别在 1981 年和 1994 年经历过两次修复。

4. Mainstone, "Brunelleschi's Dome of S. Maria del Fiore," 120 - 121. 1743 年时，人们不得不在圣彼得大教堂穹顶里加装了三圈铁链，以防止墙壁开裂导致穹顶彻底坍塌。加装这些铁链是结构工程历史上具有里程碑意义的事件。Boscovitch、le Seur 和 Jacquier 三位法国数学家计算了穹顶的水平推力及铁和鼓座的抗拉强度的数值。他们的工作代表了统计学和结构力学被首次成功应用于解决此类问题。相关讨论参见 Hans Straub, *A History of Civil Engineering*, trans. E. Rockwell (London: L. Hill, 1952), 112 - 116; and Edoardo Benvenuto, *An Introduction to the History of Structural Mechanics*, 2 vols (New York: Springer-Verlag, 1991), 2: 352。

参考书目

Alberti, Leon Battista. *Ten Books on Architecture*. London: A. Tiranti, 1965.

Battisti, Eugenio. *Brunelleschi: The Complete Work*. London: Thames & Hudson, 1981.

Gaertner, Peter. *Brunelleschi*. Cologne: Könemann, 1998.

Galluzzi, Paolo. *Mechanical Marvels: Invention in the Age of Leonardo*. Florence: Giunti, 1996.

Ghiberti, Lorenzo. *The Commentaries*, trans. Julius von Schlosser. London: Courtauld Institute of Art, 1948 – 1967.

Goldthwaite, Richard A. *The Building of Renaissance Florence: An Economic and Social History*. Baltimore: Johns Hopkins University Press, 1980.

Mainstone, Rowland J. "Brunelleschi's Dome." *Architectural Review* (September 1977): 157 – 166.

——. "Brunelleschi's Dome of S. Maria delFiore and Some Related Structures," *Transactions of the Newcomen Society* 42 (1969 – 1970): 107 – 126.

——. *Developments in Structural Form*. Cambridge, Mass.: Harvard University Press, 1975.

Manetti, Antonio di Tucci. *The Life of Brunelleschi*, trans.

Catherine Enggass. University Park: Pennsylvania State University Press, 1970.

Prager, Frank D. "Brunelleschi's Clock?" Physis 10 (1963): 203 – 216.

——. "Brunelleschi's Inventions and the Renewal of Roman Masonry Work." *Osiris* 9 (1950): 457 – 554.

Prager, Frank D. andGustina Scaglia. *Brunelleschi: Studies of His Technology and Inventions.* Cambridge, Mass. : MIT Press, 1970.

Saalman, Howard. *Filippo Brunelleschi: The Cupola of Santa Maria del Fiore.* London: A. Zwemmer, 1980.

Toker, Franklin K. B. "Florence Cathedral: The Design Stage," *Art Bulletin* 60 (1978): 214 – 230.

Vasari, Giorgio. *Lives of the Artists.* 2 vols. ed. and trans. George Bull. Harmondsworth, England: Penguin, 1987.

索　引

（以下页码为原书页码，即本书页边码）

图书在版编目（CIP）数据

布鲁内莱斯基的穹顶：圣母百花大教堂的传奇 /
（加）罗斯·金（Ross King）著；冯璇译. -- 北京：
社会科学文献出版社，2018.9
　书名原文：Brunelleschi's Dome： How A
Renaissance Genius Reinvented Architecture
　ISBN 978 - 7 - 5201 - 2917 - 6

　Ⅰ.①布… 　Ⅱ.①罗… ②冯… 　Ⅲ.①历史事件 - 意
大利 - 中世纪 　Ⅳ.①K546.3

中国版本图书馆 CIP 数据核字（2018）第 125983 号

布鲁内莱斯基的穹顶
——圣母百花大教堂的传奇

著　　者／〔加〕罗斯·金（Ross King）
译　　者／冯　璇

出 版 人／谢寿光
项目统筹／董风云　段其刚
责任编辑／李　洋　周　宇

出　　版／社会科学文献出版社·甲骨文工作室（010）59366551
　　　　　　地址：北京市北三环中路甲 29 号院华龙大厦　邮编：100029
　　　　　　网址：www. ssap. com. cn
发　　行／市场营销中心（010）59367081　59367018
印　　装／三河市东方印刷有限公司

规　　格／开本：889mm × 1194mm　1/32
　　　　　　印张：7.75　插页：0.5　字数：175 千字
版　　次／2018 年 9 月第 1 版　2018 年 9 月第 1 次印刷
书　　号／ISBN 978 - 7 - 5201 - 2917 - 6
著作权合同
登 记 号／图字 01 - 2018 - 2794 号
定　　价／59.00 元

本书如有印装质量问题，请与读者服务中心（010 - 59367028）联系

▲ 版权所有 翻印必究